长 汀 经 验

长汀经验

新时代生态文明建设的
理论与实践

郭国仕　王连芳　著

江西人民出版社
Jiangxi People's Publishing House
全国百佳出版社

图书在版编目（CIP）数据

长汀经验：新时代生态文明建设的理论与实践 / 郭国仕，王连芳著 . -- 南昌：江西人民出版社，2024.4

ISBN 978-7-210-14879-1

Ⅰ . ①长… Ⅱ . ①郭… ②王… Ⅲ . ①生态环境建设—研究—长汀 Ⅳ . ① X321.257.4

中国国家版本馆 CIP 数据核字（2023）第 192923 号

长汀经验：新时代生态文明建设的理论与实践

CHANGTING JINGYAN: XINSHIDAI SHENGTAI WENMING JIANSHE DE LILUN YU SHIJIAN

郭国仕　王连芳　著

出　品　人：梁　菁
责　任　编　辑：李月华　李鉴和
封　面　设　计：大　尉

江西人民出版社
Jiangxi People's Publishing House
全 国 百 佳 出 版 社　出版发行

地　　　　址：江西省南昌市三经路 47 号附 1 号（330006）
网　　　　址：www.jxpph.com
电 子 信 箱：jxpph @tom.com
编辑部电话：0791-86898143
发行部电话：0791-86898815
承　印　厂：南昌市红星印刷有限公司
经　　　销：各地新华书店

开　　　　本：720 毫米 ×1000 毫米　1/16
印　　　　张：15
字　　　　数：220 千字
版　　　　次：2024 年 4 月第 1 版
印　　　　次：2024 年 4 月第 1 次印刷
书　　　　号：ISBN 978-7-210-14879-1
定　　　　价：42.00 元
赣版权登字 -01-2024-90

前　言

　　生态文明建设是中国特色社会主义现代化建设"五位一体"总体布局的重要内容，是关乎中华民族永续发展的根本大计。党的十八大以来，以习近平同志为核心的党中央深刻把握为什么建设生态文明、建设什么样的生态文明、怎样建设生态文明等重大理论和实践问题，把马克思主义基本原理同中国具体实际相结合，尤其是同中国特色社会主义生态文明建设具体实践相结合，同中华优秀传统文化相结合，以前所未有的力度抓生态文明建设，从思想、法律、体制、组织、作风上全面发力，使我国生态文明建设取得了历史性成就，生态环境也由此发生了历史性、转折性、全局性变化，深刻地回答了关于生态文明建设的一系列重大理论和实践问题，从而形成了习近平生态文明思想。习近平生态文明思想是以习近平同志为代表的中国共产党人在推进社会主义现代化建设和中华民族伟大复兴的实践中形成产生的，它涵盖坚持人与自然和谐共生的自然生态观、绿水青山就是金山银山的绿色发展观、良好生态环境是最普惠的民生福祉的生态民生观、统筹山水林田湖草沙系统治理的生态治理观、用最严格制度最严密法治保护生态环境的生态法治观以及共同构建地球生命共同体的全球生态治理观等主要内容，是一个主题鲜明、系统全面、逻辑严密、内容丰富、内在统一的科学理论体系，是当代中国马克思主义、21世纪马克思主义在生态文明建设领域的集中体现，为推进中国生态文明建设、实现人与自然和谐共生的现代化提供了科学的理论指南、方向指引和根本遵循。

福建长汀是习近平生态文明思想的重要孕育地和实践地。长汀水土流失问题由来已久，它的产生既有自然原因，更有长汀当地人不恰当对待人与自然关系、过度开发和利用自然资源的因素，它严重影响了长汀人民的生产生活，阻碍了当地的生产发展。新中国成立之前，当地旧政府曾着力解决这一问题，但均半途而废、鲜有成效。新中国成立后，当地县委、县政府开始带领人民群众，采取植树造林、排沟导渠等措施治理水土流失，但苦于问题久积、条件限制以及当地百姓旧有的生产生活方式和观念等因素限制，成效进展缓慢。自20世纪80年代以来，长汀当地在党和国家的领导下，开始了艰苦卓绝的水土流失治理工作，治理成效日益明显。1999年11月27日，时任福建省委副书记、代省长的习近平再次考察了长汀水土保持工作，研究水土流失治理的科学之策，并作出重要的批示和要求。长汀当地按照习近平的批示和嘱托，全面、系统地治理水土流失，水土流失治理工作进入大规模纵深推进阶段，治理理念、治理措施、治理政策、治理机制等都得到有效提升，长汀水土流失治理和生态文明建设也取得突出的成绩，全县水土流失率从1999年的23.82%下降至2011年底的10.26%，长汀当地的生态环境发生了巨大转变，生态状况持续向好。因此，丰富的长汀水土流失治理和生态文明建设实践成为孕育和产生习近平生态文明思想的基础和条件之一。

　　长汀经验是习近平生态文明思想在长汀水土流失治理和生态文明建设实践上的生动展现，充分体现出这一科学理论体系的思想伟力。党的十八大以来，为了彻底扫除水土流失这一影响当地百姓生产生活的严重阻碍，为经济社会发展构建良好的根基和条件，长汀当地在习近平生态文明思想科学指引下，在上级党委、政府的领导下，牢记习近平的殷殷嘱托，持续弘扬"滴水穿石、人一我十""进则全胜、不进则退"的精神，科学领导、综合施策、全面发力、系统治理、不畏艰难、不怕牺牲、担当使命、攻坚克难，坚持不懈地推进水土流失治理工作，取得一个又一个突出的治理成就。在实践中，长汀当地紧紧抓住水土流失问题这一生态文明建设的"牛鼻子"，把水土流失治理和绿色生产统筹起来，坚持绿水青山就是金山银山的理念，不断促进当地百姓转变生产方式、生活方式和生活观念，引导当地人民走生产发展、生活富裕、生态良好的文明发展道路，不断推动构建绿色发展、循环发展、低碳发展的空间格局、产业体系，促进人与自然和谐共生，成功探索出一条南方红壤水土流失问题的科学治理之道，走出了一条产业绿色循环、生态环境山清水秀、百姓安居乐业的幸福发展之路，实现了生态环境保护和经济社会可持续发展的有机统一，让昔日的"火焰山"变成了瓜果飘香的"花果山"，长汀水土流失综合治理取得决定性胜利，长汀生态环境也发生了历史性、根本性、全面性扭转，由此形成了"党政主导、群众主体、社会参与、多策并举、以人为本、持之以恒"的水土流失治理和生态文明建设的长汀经验。长汀生态环境保护和建设的成功实践也因此被誉为中国南方地区水土流失治理的典范。

　　同时，长汀经验还是美丽中国建设的实践典范，为其他地区生态文明建设提供了可资借鉴的宝贵经验。中国式现代化是人与自然和谐共生的现代化，美丽中国是全面建设社会主义现代化国家的目标要求，优美的生态环境是实现人与自然和谐共生现代化目标的根基和条件，也是人民美好幸福生活的重要组成部分。从构成来看，美丽中国是由每个地域、每个方位、每个过程的生态文明建设实践绘就的，长汀经验是践行习近平生态文明思想、坚持绿水青山就是金山银山理念的生动体现，是水土流失治理和生态文明建设的成功范例，也是构成人与自然和谐共生、美丽中国壮丽画卷的一小部分，人与自然和谐共生的现代化和美丽中国目标的实现需要千千万万的长汀经验。为此，我们运用马克思主义生态观，特别是运用马克思主义生态观的最新理论成果——习近平生态文明思想来考察、分析长汀水土流失治理和生态文明建设实践，力图展现长汀当地生态环境演变的基本概貌，论述长汀水土流失综合治理和生态文明建设所坚持的科学理念、所走的科学发展道路、所采取的科学治理措施等，力图揭示长汀当地由全国水土流失最严重的一个区域迈向生产发展、生活富裕、生态良好的美丽长汀背后的成功密码，为其他地区的生态文明建设提供经验借鉴，进而印证马克思主义生态观、中国共产党生态文明建设思想的科学性、真理性，促进人们深刻领悟习近平生态文明思想的科学内涵，深刻把握绿水青山就是金山银山这一理念的重要意义，协调处理好经济社会发展和生态环境保护相互关系，摒弃错误的生产生活方式和价值观念，更好地推进社会主义现代化建设，推动实现美丽中国的现代化目标。

作 者

2022 年 12 月于龙岩学院

目 录
CONTENTS

第一章

长汀　水土流失的前世今生

　　长汀是中国著名的革命老区，是重要的红色文化教育基地，曾经也是八闽大地水土流失最严重的地区之一。长汀当地深切地体会到自然生态遭到破坏、生态平衡被打破后，大自然无情报复的痛楚。早在20世纪上半叶，长汀就已经属于水土流失十分严重的地区，长汀水土流失历史之长、面积之广、程度之重、危害之大实属罕见。20世纪20年代，长汀当地虽然也间或开展一些水土流失治理工作，但过程曲折、成效不好，水土流失问

生态长汀（来源：长汀县水土保持事业局）

题继续恶化。新中国成立后，长汀水土流失问题引起了党和国家的重视，长汀当地在上级党委和政府的领导下，开始有意识地进行治理，但苦于当时当地民众认识不足、生产力落后等条件限制，治理成效一直不太明显。改革开放以来，长汀水土流失治理工作取得实质性进展，特别是党的十八大以来，长汀水土流失治理工作取得了历史性成就，长汀生态发生历史性转变，昔日的刺目红沙、不毛之地已经变成了一片绿色的海洋，长汀水土流失治理终于取得根本性胜利，长汀当地也迈向生产发展、生活富裕、生态良好的新时代。长汀水土流失治理是一个漫长曲折的过程，先后经历了几代人坚持不懈的努力，才最终形成生态文明建设可资借鉴的"长汀经验"。

理论链接 ——生态文明何以而来

在工业文明快速发展的同时，全球都面临着日益严峻的生态问题，资源的紧缺、气候的骤变、环境的污染、水土的流失、酸雨的增多、物种的灭绝、森林的骤减等生态灾难伴随着工业化进程频繁地出现在人类面前，灾难程度日益加深、种类日益增多，人类的生存和发展环境不断恶化。如今，生态安全危机越发凸显，人类已经意识到，日益严重的生态问题不仅使人与自然的关系紧张，严重制约了经济社会的发展，而且危及社会的和谐和稳定，影响了人类的生存和发展。生态环境问题给世界各国的生存和发展带来了严峻挑战和压力，世界各国都在反思，寻找解决之道。中国在加速工业化、现代化的进程中，一定程度上忽视了对环境资源的合理开发和利用，忽视了对自然生态的保护，同样面临着人口资源环境约束趋紧、自然生态环境受到破坏等问题，严重影响了我国经济社会的可持续发展和社会主义现代化建设进程。因此，加强生态文明建设，统筹人与自然和谐发展，走生产发展、生活富裕、生态良好的科学发展道路是中国实现社会主义现代化和中华民族伟大复兴目标的必然选择。

一、生态文明的内涵

生态学术语（ecology）由两个希腊词源构成，eco- 来自于希腊语 oikos，语义为房子、居住地，后来演变为居住环境的意思；-logy 是由 -logos 演变而来，意为科学、研究。也就是说，生态学是研究关于生物住所和居住地的科学，或者是对生物生存环境的研究。生态学是一门新科学，它把环境因素纳入生物科学的研究范围。在生态科学那里，"生态"一词一般是指生物各要素之间以及生物要素与自然环境之间相互关系的状态，它并非孤立、静止地研究生物有机体或生物要素，而是将生物有机体、生物各要素置于所处的环境之中，从整个系统出发考察生物有机体、生物各要素之间以及它们与环境之间的互动关系。生态学的意义在于同时对生物有机体和它们所特有的环境以及它们之间的发展规律和相互关系进行系统的把握和认识，促进人类在开发利用自然的时候尊重自然规律，维护生态平衡，从而实现生产力的持续发展和社会的不断进步。

文明是人类在改造自然、改造社会和自我改造的过程中，人类社会物质和精神积极成果的总和。"文明"常常包括某些较高级的文化成果，如《易传·乾文言》中记载"'见龙在田'，天下文明"，此处的文明就是指社会的开化和进步的状态。"所谓'文明'是指人类借助科学、技术等手段来改造客观世界，通过法律、道德等制度来协调群体关系，借助宗教、艺术等形式来调节自身情感，从而最大限度地满足基本需要、实现全面发展所达到的程度。"[①]它反映的是人类社会的发展程度和人类的生存状态，并且文明是随着社会的发展而不断变化发展的。英国历史学家汤因比指出每个文明都可划分为起源、生长、衰落、解体和灭亡五个阶段。这就要求人类在

---

① 邹广文：《连续性：中华文明的首要特性》，《人民论坛》2023 年第 14 期，第 16 页。

推动社会进步的过程中，必须认真应对来自经济、政治、社会、文化、自然环境等方面的挑战，才能真正走向人类社会的繁荣和发展。

生态文明由生态和文明两个复合概念构成。作为一种新的发展理念，专家学者对其内涵有着不同的解释。严耕等认为生态文明是"人类在生态危机的时代背景下，在反思现代工业文明模式所造成的人与自然对立的矛盾基础上，以生态学规律为基础，以生态价值观为指导，从物质、制度和精神观念三个层面进行改善，已达成人与自然的和谐发展，实现'生产发展、生活富裕、生态良好'的一种新型的人类根本生存方式或样法，是在新条件下实现人类社会与自然和谐发展的新文明"[①]。黄国勤认为生态文明是社会发展到了较高的阶段，指"人类以平等的心态调整人与自然的关系，尊重自然的尊严，与自然建立起和谐、亲密的关系"[②]。俞可平认为生态文明"表征着人与自然相互关系的进步状态"[③]。他们都强调了生态文明是以生态学规律为基础，注重处理人与自然的关系，把生态文明的概念与当前的可持续发展紧密联系。这也就要求人类在推动社会发展过程中，既要认识和利用自然，又要保护自然、维护生态平衡，推动人与自然的协调发展。陈寿朋认为，"生态文明主要包括三个方面的要素：生态意识文明、生态法制文明和生态行为文明""生态意识文明是人们正确对待生态问题的一种进步的观念形态""生态法制文明是人们正确对待生态问题的一种进步的制度形态，包括生态法律、制度和规范""生态行为文明是一定的生态文化观和生态文明意识指导下，人们在生产和生活实践中的各种推动生态文明向前发

---

① 严耕、杨志华：《生态文明的理论与系统构建》，中央编译出版社 2009 年版，第 166 页。

② 黄国勤：《生态文明建设的实践与探索》，中国环境科学出版社 2009 年版，第 208 页。

③ 俞可平：《科学发展观与生态文明》，《马克思主义与现实》2005 年第 4 期，第 4 页。

展的活动"。① 姬振海也认为生态文明是"人与自然、人与人、人与社会和谐共生、良性循环、全面发展、持续繁荣为基本宗旨的文化伦理形态"②。由此可见，生态文明理念把生态文明作为人类社会全面发展的一个重要标志，它不但强调要处理好人与自然的关系，促进人与自然的和谐相处、和谐发展，而且也注重协调好人与社会和人与人之间的关系，它把人与人、人与社会、人与自然的和谐视为生态文明题中应有之义，三者互为条件、相互促进，共同构成生态文明的内在要求。

生态文明是人类对传统文明特别是工业文明进行深刻反思的结果，也是人类在建设物质文明过程中保护和改善生态环境取得的实践成果。坚持生态文明的发展道路，正确处理经济建设与资源利用、生态环境保护的关系，既可以保证人们享有日益丰富的物质文化产品，也可以促进人们享有良好的生态文明成果，生态文明建设对于人类生存和发展具有重要的意义。

首先，从历史发展的过程来看，生态文明是经历了原始文明、农业文明、工业文明几种文明形态之后出现的更高级的文明形式。在生态文明状态下，人们远离了环境污染、资源浪费，呼吸着新鲜的空气，饮用着干净的水，吃着放心的食物，实现了人与自然的和谐共生；经济社会实现了可持续发展，人们摆脱了贫穷、落后的状况，克服了贫富悬殊、社会不平等现象，实现了人与人之间和谐相处。生态文明代表着人类对未来社会发展的理性思考和对未来理想社会的追求，关系到人民的福祉、人类的未来。

其次，从生态文明与物质文明、精神文明之间的关系来看，生态文明

---

① 陈寿朋：《牢固树立生态文明观念》,《北京大学学报（哲学社会科学版）》2008 年第 1 期，第 128—129 页。
② 姬振海：《生态文明论》，人民出版社 2007 年版，第 2 页。

既包括物质文明的内容，也包括精神文明的内容，它们之间的关系密切。生态文明与物质文明的一致性表现在生态文明与物质文明是相辅相成、相互促进的，物质文明是促进人们实现自由全面发展的物质基础，而生态文明则是实现物质文明的根基和条件，二者统一于人们的根本利益需求之中。这就要求人们不能消极地对待自然，不能任意破坏自然，以牺牲自然为代价来换得物质利益，而应在尊重自然规律的前提下，积极地认识、合理地利用和开发自然，使自然更好地为人类社会的发展服务。生态文明与精神文明的一致性则表现在精神文明是思想、灵魂，是人们行动的先导，只有将倡导尊重自然、爱护自然、保护自然的生态文明理念纳入精神文明建设中，使之成为精神文明建设的重要内容，才能转变人们对自然生态的错误认识，使倡导生态文明成为人们自觉的行为，进而推动经济社会的发展，实现生态文明建设的目标。

再次，从中国特色社会主义实践来看，生态文明建设是推动实现人民对美好生活需要的必然要求，具有重要的现实意义。生态文明与物质文明、精神文明、政治文明、社会文明一道共同构成了社会主义现代化建设的五个基本目标，体现了经济、文化、政治、社会和生态协调发展的基本要求，是指导中国当下中国特色社会主义建设重要的战略依据。生态文明建设的出发点和落脚点是实现人民对优美生态环境的需求，实现社会主义生态文明要求我们把建设资源节约型、环境友好型社会作为着力点，实践上要以资源环境承载力为基础、以自然规律为准则、以可持续发展为目标，通过观念和生产生活方式的转变、科技创新、制度构建等，形成有利于资源节约和环境保护的空间格局、产业结构、生产方式、生活方式，最终达到人与自然和谐共生的状态，满足人民日益增长的美好生活需要，促进人的自由全面发展。

二、生态文明建设的重要性

文明反映了人类社会的发展程度和状况，是人类社会或者一个国家、一个民族的经济、文化、社会发展水平的具体体现。人类经历了原始文明、农业文明和工业文明的发展阶段，正在向着生态文明的方向发展。人们清醒地认识到工业文明以污染环境和破坏生态为代价来换取一时的经济和社会繁荣的做法已经变得越来越不可取，这种意识有力地推动着人类的文明进行一场深刻的变革。生态文明是对工业文明反思的成果，也是科学把握人与自然相互关系产生的实践成果。它反映了人类寻求与自然和谐共生新的发展道路和发展模式。生态文明关乎人类的未来、人民的福祉，是实现人自由全面发展的必由之路，具有重要的意义。

原始文明时期，人类刚刚从自然界的母体中脱离出来，无法深入认识自然，在自然界面前感恩、恐惧、祈求的情愫混为一体，与自然界关系是一种混沌和统一的原始状态，这一时期的主要特点是人类受制于自然界、一般完全依赖和顺从于自然界。人类作为自然界中的弱者不停地探索、寻找在自然界中生存下来的生活方式，通过采集天然食物、渔猎活动等从自然界中获取生存的必需品，他们以淳朴的态度对待自然，纯粹是出于维持生物体的本能。由于原始文明中人类自身力量弱小、生产力低下，他们在强大的自然界面前显得孤独无力，还无法理解和认识日、月、星辰、风、雨、雷、电等自然现象，因而他们将自然界神化，"在原始人看来，自然力是某种异己的、神秘的、压倒一切的东西"[1]，因此，"他们用人格化的方法来同化自然力。正是这种人格化的欲望，到处创造了许多神"[2]。正是依靠"神化"的办法，以敬畏、崇拜等方式，克服强大自然力带来的恐

---

[1] 《马克思恩格斯文集》（第九卷），人民出版社 2009 年版，第 356 页。
[2] 《马克思恩格斯文集》（第九卷），第 356 页。

惧，寻找自身在自然界中生存的精神寄依，定位人在自然界的存在，并从自然界中获取生存所需的生活资料，维持生物体的存在。在这种状态下，人类无力对自然界造成破坏，仅仅是作为自然界的一部分，依附在自然界下生存，因而这时人与自然的关系必然是自然规律统治下原始的"和谐"状态，即自然界按照自身的规律运行着，并统摄和制约着包括人类在内的一切生物体的活动。但是，人类一经从自然界中分离出来，生存和发展的需要必定会推动着人类不断认识自然、改造自然。人类的这种主观能动性终将改变原始状态下人与自然的关系，推动着人与自然关系的发展变化。

农业文明时期，人与自然的关系发生了变化，部分地区的生态平衡开始被打破。随着人口的增长、社会生产力的提高，人类对自然界的认识进一步提高，利用自然和改造自然的能力也得到提升，种植业和畜牧业的发展使人类从原始的野蛮时代进入了农业文明时代。直接从自然界中获取食物不再是人类生存的唯一途径，人类也摆脱了群居、频繁移居的生活，依靠种植、驯养等农耕方式来满足自身的需求成为人类生产生活的主要方式，是种群延续的根本。这一时期的主要特点是人类以自身的意志不断开发和利用自然，程度和范围不断扩大，也因此形塑和改变了自然界。在这一过程中，人类通过垦殖、耕种、兴修水利、放牧等活动，摆脱了原始状态下对自然的顺从和依赖，并以自身的意志和需求改造了自然，自然也在人的主观能动性下得到"人化"，人类也因此创造出灿烂的文明，如玛雅文明、印度文明、古埃及文明、波斯文明以及中华文明等。

然而，在开发和利用自然、谋求征服和支配自然的过程中，人与自然之间的张力开始显现了。农业文明时期，生产力不断提高、人口不断增长，人们免不了向自然伸手以求获取生产、生活资料，然而由于当时人们对自然的认识还未能达到科学的高度，再加上利益的驱使，在利用自然、向自然索取时，一些地区因过度垦殖、过度开发、过度利用，超出自然自我调节和自我恢复的限度，致使生态失衡，出现土地沙化、水土流失、洪涝灾害等生态问题，最终导致人的宜居环境丧失、文明的衰亡。有学者认为，古巴比伦文明、古埃及文明、楼兰文明等的衰亡与这些地区人口过度膨胀、人的过度活动、土地沙化、环境恶化直接关联。农业文明时期虽然出现一些地区生态失衡的问题，但是这一时期人类与自然的关系总体上还是处于基本和谐的状态，并未出现整体性的生态失衡、生态灾难等问题，主要原因在于农业文明时期人类的生产力水平还是比较低下、人口规模还是比较小（相较于工业文明而言），人类的盲目性开发、索取和利用并没有完全超出自然自身的调节和恢复能力。

工业文明时期，社会生产力快速发展，人的物质欲望极大膨胀，加速对自然的掠夺，生态问题层出不穷，生态危机凸显。资本主义工业文明到来后，在唯心史观"人类中心主义"理念和资本主义义利观的驱使下，科学技术成为人类征服自然、获取利益的工具，"强调科学的目的在于造福人类，使人成为自然界的主人和统治者"[①]。凭借强大的科技力量，人类俨然成为自然的"主人"，自然在人类面前失去了往日神秘的色彩，变成人类获取利益、满足物质欲望的场域，成为取之不尽、用之不竭的对象。人类利用其所掌握的一切手段，无节制地向自然伸手。矿石开采、森林砍伐、土地开发、草场放牧、化石能源掘取……一切自然资源都会成为他们掠夺的对象；公路铁路的铺设、工厂的开办、化学工业的发展……一切有利可图的生产方式都会成为资本的行为选择，而不去考虑对自然环境造成的后果和代价。在资本主义世界中，日益发达的生产力、"人类中心主义"的意识、资本的噬利本性驱使着人们不断征服自然、占有自然。过度的开发、无休止的占有和破坏迅速打破了人与自然之间总体平衡的关系，接踵而来的是资源短缺、环境污染、物种灭绝等一系列生态问题、生态危机，如 1930 年

---

① ［法］笛卡尔：《笛卡尔的人类哲学》，刘烨编译，内蒙古文化出版社 2008 年版，第 178 页。

比利时的"马斯河谷事件"、1948 年美国宾夕法尼亚州的"多诺拉烟雾事件"、20 世纪 40 年代美国的"洛杉矶光化学烟雾事件"、1952 年英国的"伦敦雾霾事件"等。这些问题严重危及人类的生存和发展，亟需人们寻求新的发展模式和发展道路，建立起新的生态文明。

生态文明是人类对工业文明进行反思之后形成的一种新的发展模式和发展道路，也是对过去发展经验和教训深刻总结的结果。资本主义工业文明之下，人类对自然的征服、占有和破坏不久便遭到大自然的报复，资本主义世界不断爆发一系列重大的生态问题、生态事件。早在 19 世纪 60 年代开始，资本主义世界中出现的生态问题就引起了环境科学家、生态学家和学者等的担忧，到了 20 世纪中后期愈演愈烈的生态问题在全世界范围内得到了广泛的关注，学者们纷纷反思资本主义的发展方式，试图分析生态问题、生态危机产生的成因，寻找解决之道。然而，受制于自身制度的噬利本性，资本主义无力真正解决生态问题，要真正解决生态问题，只有在社会主义制度下走生态文明的发展道路。生态文明要求转变"人类中心主义"意识、以牺牲环境资源为代价的生产生活方式，走绿色发展、低碳发展、循环发展的道路。生态文明同样需要发展物质生产力，需要创造高度发达的物质文明，以满足人们对美好幸福生活的需求，但与农业文明和工业文明不同的地方在于它是以尊重自然规律、维护生态平衡为基础，把绿色发展、低碳发展、循环发展作为科学依据，是在人与自然和谐共生基础上的可持续发展。因此，生态文明要求经济、社会、生态整体协调发展。在推动经济社会发展的过程中，生态文明要求人类必须节约自然资源，改善和保护生态环境，既讲求经济效益，又注重社会效益和生态效益，最终实现经济社会和生态环境协调发展、人与自然和谐共生的目标。总而言之，生态文明的发展道路是一条生产发展、生活富裕、生态良好的文明发展道路。

三、中国生态文明建设的紧迫性

新中国成立后，在发展过程中，中国共产党人就非常重视保护生态环境、改善人与自然的关系。20 世纪 50 年代，毛泽东向全国人民发出"绿化祖国"的伟大号召；1956 年国务院批准建立我国第一个自然保护区——鼎湖山自然保护区；1983 年，中国把保护环境确立为基本国策；等等。这些政策和措施为中国生态文明建设奠定了良好的条件和基础。但是我们也看到，由于中国人均资源拥有量远低于世界平均水平，又是在经济文化比较落后的基础上搞社会主义建设，受制于生产力水平、人的认识程度和自然条件等多种因素，中国在推动经济社会发展过程中，也形成了高投入、高耗费、高污染、低产出的粗放式发展模式，加剧了人口资源环境关系的紧张，造成自然生态环境压力增大、环境污染等突出问题。这些问题严重影响了人民群众的生产生活和中华民族永续发展，加快生态文明建设成为摆在中国面前的紧迫任务。

首先，快速增长的人口成为生态问题产生的重要因素。新中国成立后，随着社会主义制度的建立，国民经济恢复和发展、人民生活水平的提高和医疗卫生条件的改善，中国的人口死亡率大幅度下降，再加上新中国成立以来曾经一段时间内错误的人口增长观念的影响下，中国人口呈现快速增长的趋势。根据国家统计资料显示，2005 年中国的人口已达到了 13 亿人（不含香港、澳门特别行政区和台湾省），2009 年中国的人口总数突破 14 亿。[1] 庞大的人口对生活资料、资源能源的需求量和消耗量也随之急剧增加。这客观上增加了中国能源资源环境的压力，加剧了人口与资源利

---

① 参见国家统计局：《中国统计年鉴 2020 年》，载于国家统计局网站 http：//www.stats. gov.cn/search/s？ tab=all&siteCode=bm36000002&qt=%E7%BB%9F%E8%AE%A1%E5%B9%B4%E9%89%B4，2021 年 12 月 8 日。

用、环境保护之间的紧张关系，成为引发生态问题的一个重要原因。生态问题的加剧严重影响了经济社会的发展和中国社会主义现代化目标的实现，亟需我们采取有效措施，协调好人口与资源环境的关系，加强生态环境的保护和建设，为人民群众创造良好的生产生活环境。

其次，中国的能源资源匮乏、粗放式发展模式加剧了经济社会发展与资源环境紧张关系，甚至危及人民群众的生存发展。众所周知，中国能源资源储量先天不足，尤其是包括石油、天然气、煤炭、铁矿石、淡水等战略性资源，人均拥有量更是低于世界平均水平。随着经济的快速发展和人民生活水平的提高，中国对能源资源的需求量急剧增加，再加上长期以来粗放式增长方式的影响，能源资源消耗量急剧攀升，加剧了能源资源的供求紧张关系，同时环境污染问题日趋严重，严重影响了人与人、人与社会、人与自然的和谐关系，制约了经济社会发展和人民美好生活需要的实现，亟待我们认真应对和解决。

再次，水资源污染、大气污染、国土资源破坏等生态问题日益突出，严重影响中国经济社会发展和老百姓的生产生活。中国是在落后的农业国基础上进行社会主义现代化建设，生产力落后、发展基础薄、人们的经验认识不足等因素客观存在，这在一定程度上造成了中国的空间格局、产业结构不够合理，生产方式、生活方式不够科学，导致水资源污染、大气污染、国土资源破坏浪费等生态问题，进入 21 世纪这一问题越发严重。

一是水资源匮乏和污染问题突出。全国环境公报数据显示，2006 年，全国废水排放总量为 536.8 亿吨，比上年增加 2.3%。其中，工业废水排放量 240.2 亿吨，占废水排放总量的 44.7%，比上年减少 1.1%；城镇生活污水排放量 296.6 亿吨，占废水排放总量的 55.3%，比上年增加 5.8%。[①] 有学者

---

① 国家环保总局：《全国环境统计公报（2006 年）》，载于中国政府网 http：//www.gov.cn/gzdt/2007-09/24/content_759861.htm，2007 年 9 月 24 日。

指出，目前中国的水资源面临着"污染物排放量超过水环境容量、来自工业生产的氮、磷污染物在水中长期积累，加速了水环境的恶化；不合理的水资源开发，大量减少了生态用水，加剧了水环境污染；区域生态环境破坏，严重降低了水源涵养功能，使水环境更趋恶化"[1]。水资源问题已经严重困扰人民群众的生产生活，影响了经济社会的健康发展。

二是大气污染问题日益严重。工业的高速发展、汽车消费的增长、居民供暖对煤炭消耗的增加等，带来了二氧化硫、机动车尾气、灰尘、氮氧化物等污染物排放量剧增，造成了严重的大气污染，使得中国不少城市的空气污染程度处于相当高的水平，甚至高于发达国家的某些城市。21世纪初，由于中国北方城市空气中含有的有害的 PM2.5 颗粒超标，一到冬季就产生严重的雾霾问题。这既影响了北方地区经济社会的可持续发展，也危及人民群众的生命健康。

三是国土资源遭到破坏。中国不少地方在追求经济发展的过程中，由于对国土资源的不合理开发和过度利用，导致森林、草场、湿地等面积逐年缩小，质量也日益下降。资料表明，由于长期过量采伐，可采资源锐减，森林质量下降，大小兴安岭几乎处于无木可采的危险边缘，林区林缘向北退缩了100多公里。要恢复到开发初期的可采蓄积水平，需要80年以上。[2]森林、草场、湿地等的破坏导致了相关地区的水土流失面积迅速增大，洪涝、干旱、病虫害等自然灾害频发，土地沙化、荒漠化严重，中国甚至一度成为世界荒漠化最严重的国家之一，21世纪初中国北方城市曾多次暴发严重的沙尘暴问题，直接影响到老百姓的生活和健康。同时，由于对自然资源的过度开发和利用，中国的耕地面积锐减，粮食安全受到威胁；受生

---

[1]　钱俊生、赵建军：《生态文明：人类文明观的转型》，《中共中央党校学报》2008年第1期，第45页。

[2]　新华社：《黑龙江大小兴安岭天然林今起全面停伐》，载于中国政府网 http://www.gov.cn/xinwen/2014-04/01/content_2651286.htm，2014年4月1日。

态环境恶化的影响，生物多样性丧失，野生动植物物种日益减少，甚至有些物种灭绝。摆在我们面前这些突出的生态环境问题，成为我们在追求现代化目标过程中亟需应对和妥善处理的重大问题。

总之，生态文明是社会主义现代化强国的五大基本目标之一，生态文明建设关系到人民福祉、民族未来，它与经济建设、政治建设、文化建设、社会建设一道共同构成相互联系、相互促进的统一整体。当前，中国生态文明建设仍然面临许多矛盾和问题，突出的生态环境问题还未彻底根治，建设美丽家园的基础还不稳固，生态环境质量还未能达到人民群众的期盼、建设美丽中国的目标。面对生态文明建设的紧迫性任务，需要我们下大力气和决心，转变生产方式、生活方式，形成人与自然和谐共生的新发展格局，进而实现社会主义现代化强国的目标。

第一节　生态恶化　百姓困苦

长汀水土流失究竟源于何时，已无从考证。但《永乐大典》记载的《临汀志·题咏》中北宋的一首诗《过汀州》这样写道："荒山无寸木，古道少人行。地势西连广，方音北异闽。闾阎参卒伍，城垒半荆榛。万里瞻天远，常嗟梗化民。"可见，当时的汀州府不但遭受着连年战乱的人祸，当地民众更是处于城乡荒芜、民生艰难的情境。同时，诗中指出了连年战乱

20世纪长汀河田镇露湖村被雨水冲刷多年后形成的一望无际的光山秃岭（图片来源：长汀县水土保持事业局）

水土流失：指的是在水力、风力、人力等外力作用下土壤资源和水资源受到破坏和损失。年复一年的水土流失，使有限的土地资源遭受严重的破坏，地形破碎，土层变薄，地表物质"沙化"和"石化"，特别是土石山区，土层流失殆尽、基岩裸露。这种环境下自然生态系统逐渐失去平衡，人将无法生存。因此，水土流失造成的价值损失是不能单用货币计算的。该图为20世纪长汀河田镇被雨水冲刷多年之后形成的一望无际的光山秃岭，土壤肥力下降，表层土壤丧失，土壤既旱又瘦。夏天这些地方的地表温度最高达76度，可以烧熟鸡蛋，灼枯植物。

是造成当地林木遭毁、环境恶化的一个重要原因。开国上将杨成武曾多次提及自己家乡长汀的水土流失。曾几何时，这里的光山秃岭、满目黄沙给他留下了深刻的印象。据他回忆，长汀的水土流失早在清朝时期就已经开始了，长期严重的水土流失给当地人民带来了无尽的灾难。地上悬河、颗粒无收、旱涝交替等水土流失造成的严重后果，使长汀人民始终过着贫苦的生活。

一、山光水浊　田瘦人穷

"长汀哪里苦？河田加策武。河田哪里穷？朱溪罗地丛。""河田是个'好地方'，番薯头子淘粥汤，纸客瓦客四处走，有女莫嫁河田郎。""头顶大日头，脚踩砂孤头，三餐番薯头，田瘦人又穷。"这些民谣充分体现了水

长汀水土流失后果的直观写照（图片来源：长汀县水土保持事业局）

该图为长汀水土流失后果的直观写照。长汀水土流失由来已久，原因是多方面的。过于密集的人口逐渐向山林索要生活物资，尤其是燃料的匮乏加快了人们对于山林的破坏。20世纪前半叶又遇兵灾火劫，山地植被遭到了前所未有的破坏。新中国成立后，该地区又历经"大炼钢铁""文化大革命"的浩劫，该地特有的红壤土质，加上本就脆弱的生态系统无法抵御洪涝灾害等，共同构成了长汀水土流失的综合原因。水土流失逐渐加剧，严重的地区山光岭秃，草木不存。

土流失给长汀人民带来的苦难，"三洲河田，没米过年，企上企下灶沿边，灶沿边，问祖先，几时落雨不打（冲）田，山清水秀笑开颜？""晴三天，尘满面，雨三天，泥满田，水淹火烤到哪年？"这些是描述长汀三洲、河田一带水土流失严重、田地旱涝歉收、老百姓贫苦不堪的顺口溜，听过之后，让人既心酸又震惊。可以说，"山光、水浊、田瘦、人穷"是以河田为中心的水土流失区生态恶化、生活贫困的真实写照。

二、贫困落后 穷则思变

山清水秀的河田变成了不闻虫声、不见鼠迹的山穷水尽的河田，人民过着极为贫困的生活，一度成为福建省最贫困的地区。据资料记载，到1982年在集体分配的总产值中，农业收入占83.33%，林业收入占0.34%，渔业收入占0.17%，副业收入占12.81%，其他收入占3.3%，年人均产值132.65元，人（均）纯收入106.7元，人均纯收入每月不足9元，是闽西

长汀县濯田镇刘坑头2000年崩岗原貌（图片来源：长汀县水土保持事业局）

崩岗是水土流失发展到严重程度呈现出来的一种特殊地貌。只要下一场较大的雨，附近山上的大量泥沙就会被冲进水沟和农田，村民们必须费很大的工夫把它们清理出来，否则冲入农田的黄泥浆会导致田地板结，严重时造成农作物大量死亡。由于降雨的水流年复一年地将完整的山坡切割成一群支离破碎的小山丘，细小的切沟遭受经年累月的侵蚀，可以演变成巨大的崩岗沟。很多山体都崩成零零碎碎的状态，山脊线被切割殆尽，整座山将不复存在。山林和土壤被破坏后，丧失了保水功能，生态系统也就随之恶化。

最为贫困的乡镇之一。① 据当地人描述，一场小雨便导致洪水涌来，雨停水歇，沙土很快又一次暴露出来。夏天炎热，土壤灼热，加上当地土壤呈赤红色，远远望去就像燃烧着的火焰，因此，当地又有"火焰山"的称号。从而，当地有"柳村（河田镇的原名）无柳，河比田高"的说法。而这里一些类似的地名，如赤岭、朱溪、露湖也都充分说明了水土流失给当地带来的生态后果。在这种生态环境中，民众的生存状况可想而知，恶劣的生态条件使得长汀成为福建省最贫困的地区。在民众热切的期盼中，党和国家领导在长汀当地踏上了艰难的水土流失治理之路。

第二节　治理过程　艰难曲折

长汀水土流失的治理过程持续了近百年，经历了一代又一代人的不懈努力，中间反反复复、曲曲折折，一直难有起色。新中国成立后，特别是改革开放以来在党和国家的领导下，长汀人凭借着不屈不挠、人一我十、滴水石穿的精神，最终取得了水土流失治理工作的决定性胜利。

一、曾努力　奈无果

长汀的水土流失治理最早可以从 20 世纪 20 年代算起，面对当地水土流失的恶劣现状，旧中国的长汀县政府曾提出扩大河田苗圃面积、种植易于生长的树种、禁止砍伐林木等一些主张，但是由于当时的长汀县政府并未成立专门的水土流失治理机构，治理主体分散、职能不清，有些治理机构是官方临时组织的，有些则为民间自发性组织，治理形式也大多为临时性的、间歇性的、小规模的，治理始终难以达到应有的

---

① 王其森、戴立丰：《长汀县河田水土流失区治理纪实》，中共龙岩市委党史研究室编：《闽西新时期农村的变革》，中华工商联合出版社 1997 年版，第 273 页。

目的。另外，由于旧中国长期处于战火之中，长汀当地也受到战乱的影响，当地人民的生活朝不保夕，既无心也无力治理水土流失，导致当地的水土流失治理时断时续，一直未见成效，甚至水土流失问题愈演愈烈。

20 世纪 40 年代，长汀与陕西长安、甘肃天水一起被列为中国三大水土流失治理试验区，可见当地的水土流失问题已经很严重，也引起了旧政府的关注，1940 年，长汀河田设立了福建省研究院土壤保肥试验区，这也是中国最早的水土保持科研机构，后改称水土保持试验区。1942 年，张木匋先生在《一年来河田土壤保肥试验工作》中表达了深厚的爱国情怀："我们只有一个目的，控制土壤侵蚀以解决农民的痛苦，挽救国家的损失。我们只有一个信仰：人定可以胜天，科学的运用可以遏阻自然的摧残。同时，我们也只有一个希望：保土的工作能够在中国

被当地农民砍伐用来作燃料的木材（图片来源：长汀县水土保持事业局）

乱砍滥伐、过度打枝割草作燃料是水土流失的重要原因之一。

展布完成！"①

同时，张木匋先生对长汀河田的水土流失情景如此描述："四周山岭，尽是一片红色，闪耀着可怕的血光。树木，很少看到！偶然也杂生着几株马尾松，或木荷，正像红滑的癞秃头上长着几根黑发，萎绝而凌乱……再登高远望，这些绵亘的红山，仿佛又化作无数的猪脑髓，陈列在满案鲜血的肉砧上面。在那儿，不闻虫声，不见鼠迹，不投栖息的飞鸟；只有凄怆的静寂，永伴着被毁灭了的山灵。"②这是现存直接描述长汀河田水土流失情况最早的资料，足以说明当时水土流失的严重程度，早期的那一批科技人员在极为艰苦、简陋的条件下对河田水土流失的成因等进行了基础性研究，并开展一些试点治理的试验性探索，留下了一些珍贵的研究资料，但由于时局变迁，这些基础研究和试点方面的探索无法得到持续性推进。

1944年，福建省研究院土壤保肥试验区改为河田水土保持试验区。1947年，该机构又与广东东江流域水土保持机构合并，改名为农业部东江水土保持试验区（驻地河田）。可见，长汀当时对水土流失的危害还是有一定认识的，在当时的社会

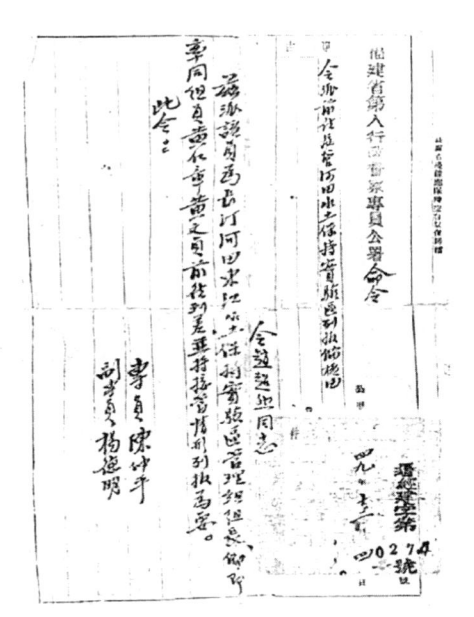

福建省第八行政督察专员公署命令
（图片来源：长汀县水土保持事业局）

---

① 张木匋：《一年来河田土壤保肥试验工作》，《长汀水土保持志》编纂委员会编：《长汀水土保持志》，福建科学技术出版社2022年版，第258页。

② 张木匋：《一年来河田土壤保肥试验工作》，《长汀水土保持志》编纂委员会编：《长汀水土保持志》，第254页。

条件下能够设立这些机构，说明他们开始关注并重视水土流失治理问题。当时试验区的负责人和专家们为河田的水土保持提出了一系列方法、措施，如在控制沙的方面：筑土坝 400 座，树枝坝 400 余座，石坝 50 余座；控制水的方面，开辟了 40 余亩条带式的水田畦地；在恢复植被方面，推广种植黄栀子、胡枝子、杜鹃等树种 4 万至 5 万株，种植马尾松、黄檀等 4 万株，在溪河两岸推广种植乌桕、枫杨、柳树、柠檬草等；另外，集约利用荒山荒地并增进土壤肥度。在此基础上还进行了一系列的植物学、生物化学、材料力学等方面的研究和实验。[①]

　　尽管民国时期，政府对长汀水土流失治理作了一些努力，但收效甚微。由于科学技术的落后、战争频发等客观原因，再加上国民政府统治时期经济落后、政治腐败、人民生活贫困等因素，长汀水土流失的问题不可能在国民党统治下真正得到解决，富有成效的水土流失治理工作是新中国成立后在中国共产党的领导下才得以进行的。

二、新中国　新进步

　　新中国成立后，长汀水土流失问题引起了党和国家的重视。长汀县成立了专门的水土流失治理机构，探索水土流失的治理之策。1949 年 12 月，长汀县人民政府接管了原国民政府东江水土保持试验区河田工作站，并在此基础上成立了福建省长汀县河田水土保持试验区，这标志着长汀水土流失治理开启了新的征程。1952 年 3 月，原来的长汀县河田水土保持试验区更名为长汀县河田苗圃。1962 年 12 月，长汀县河田苗圃分设长汀县河田水土保持站。[②] 长汀水土流失治理相关机构成立后，一改民国时期在水土治理

---

① 　王其森、戴立丰:《长汀县河田水土流失区治理纪实》，中共龙岩市委党史研究室编:《闽西新时期农村的变革》，第 273—274 页。
② 　《长汀水土保持志》编纂委员会编:《长汀水土保持志》，第 11—12 页。

和保持上偏重研究、少有效实践的做法，转变为既重视科学研究、摸索经验，又不断将治理技术运用到治理实践上，坚持不懈地治理水土流失问题，同时还发挥政府在水土流失治理中的主导作用，制定相关法律法规、政策规定等，加强植被绿化、森林保护、水土流失治理等工作。一方面，以广泛发动群众为工作重心，帮助乡村确定林权，建立林业生产组织，制定护林公约，设立封禁区，实行封山育林，并派专人巡山护林，禁止乱砍滥伐、乱铲草皮。另一方面，树立造林典型，掀起以"家家造林，人人植树""自采、自育、自造"等为主题的植树造林热潮。

长汀当地水土流失治理机构成立后，带领当地人民群众，积极探索水土流失治理经验，开展植树造林、植被保护和水土流失治理工作。1951年，在长汀县水土保持相关机构的支持下，河田当地的村民廖先贵率先组织村民成立了造林禁山小组，带领村民植树造林、封山育林，治理水土流失。他们在八十里河沿河岸营造马尾松 28,000 株，成活率达 90%。次年该组扩大到 23 户农民，连年开展植树造林，至 1958 年，累计植树造林 1,473 亩，荣获省、地、县造林模范的光荣称号。[1]1952 年，在当地政府和相关机构的领导下，长汀县河田开展大规模公私合作造林，共造林 6,600 余亩，植树 230 万株。[2]1952 年开始，在长汀当地政府和水土保持相关机构的支持下，在廖先贵造林禁山小组的带动下，河田全区掀起了植树造林、封山育林、治理水土流失的高潮，据不完全统计，全区至 1958 年植树造林 63,675 亩，封山育林 17 万亩，修建水土保持土谷坊 60 座，挖鱼鳞坑 16 万余个。[3]原本不见鸟兽、不闻虫叫的景象得到了一定的改善，一部分山头

---

① 王其森、戴立丰：《长汀县河田水土流失区治理纪实》，中共龙岩市委党史研究室编：《闽西新时期农村的变革》，第 274 页。

② 《长汀水土保持志》编纂委员会编：《长汀水土保持志》，第 11 页。

③ 王其森、戴立丰：《长汀县河田水土流失区治理纪实》，中共龙岩市委党史研究室编：《闽西新时期农村的变革》，第 274 页。

上开始出现葱郁的幼林。其中，具有显著变化的是森林资源的归属上取得了一定的进步，重新确立了林权，制定了护林公约，以封山育林的方式推动水土保持工作。

　　令人遗憾的是，1958 年开始的"大跃进"运动打断了植树造林运动。在"大跃进"运动中，受"大炼钢铁""浮夸风"等错误认识的影响，河田一带的林木被大量砍伐，森林遭到严重毁坏，原本确立的林权管理制度被打乱，大面积幼林遭到破坏，新中国成立以来的育林成果受到毁坏，长汀的水土流失治理工作陷入停滞，带来了难以估量的损失。1959—1961 年，国家进入困难时期，水土保持机构也停止履行职能，河田的水土流失治理也因此被打断。1961 年 1 月，中共中央、国务院提出恢复与发展国民经济的方针，即"调整、巩固、充实、提高"八字方针。1962 年 2 月，国务院发出的《关于开荒挖矿、修筑水利和交通工程应注意水土保持的通知》明确指出："近年以来，不少地区在开荒、挖矿、修筑水利和交通工程时，由于缺乏具体领导，盲目乱垦，毁坏森林、牧坡，破坏水土保持的现象相当严重，有些地区汛期已经发生严重的水土流失"[1]，还作出"在开荒工作中注意不要妨碍水土保持，把目前利益和长远利益结合起来；严禁破坏森林和牧场"[2] 等明确要求。1962 年 4 月，国务院批转了国务院水土保持委员会提出的《关于加强水土保持工作的报告》，又对水土保持工作作出指示。为了贯彻中共中央、国务院的指示精神，1962 年，长汀县迅速组建了"县水土保持办公室"，在河田恢复了"水土保持工作站"，重新部署水土流失治理工作，一度被打断的水土流失治理工作又恢复开展起来。

---

① 　国务院：《国务院关于开荒挖矿、修筑水利和交通工程应注意水土保持的通知》，《天津政报》1962 年第 7 期，第 5 页。
② 　国务院：《国务院关于开荒挖矿、修筑水利和交通工程应注意水土保持的通知》，《天津政报》1962 年第 7 期，第 5 页。

自此，长汀当地继续加强水土流失治理工作。在河田水土保持工作过程中，长汀探索了一些科学手段治理水土流失，不但进行了乔灌草种植、经济果茶栽培以及夏季施绿肥等一系列生物措施，而且采取一些有效的工程措施整治水土流失问题，如进行小台地、小水平沟整地；在易受侵蚀的沟道中建土、石谷坊，以固定沟床、防止雨水带来的水流冲蚀等。到 1966 年上半年，累计修建石谷坊 18 座，土谷坊 1,172 座，土谷坊群 157,874 座，挖水平沟 552 米，山塘 612 口，开梯田 1,600 多亩，开排灌圳 1,500 米，筑防洪堤 10,900 米，改造沙荒地 545 亩，种植乔灌木及各种草类 38,297 亩。免除水涝灾害的良田共计 6,309 亩，使水土保持工作又重新走上了一个台阶。[1] 长汀水土流失治理工作取得新的成效。

但是，才恢复不久的长汀水土流失治理工作又被"文革"打乱。"文革"期间，政令松弛、管理失范、乱砍滥伐现象再度出现，长汀森林植被资源遭受新中国成立以来第二次大破坏，原本的水土流失治理机构也转变了工作重心，较为有序的水土流失治理工作被打乱。1968 年，河田水土保持站被改称为长汀县河田苗圃，原来水土保持的工作转换为经营林苗、果苗为主。民众直接上山砍伐木材当生活燃料，当地的林权管理又一次陷入混乱，封山育林的公约也失去约束力，导致十几年封山育林的成果再次遭到严重毁坏。同时，受到"文革"的冲击，党的基层组织和政府机构几乎瘫痪，无法对当地的森林资源进行有效监管，团伙性的偷伐乱采时有发生。其中，水土流失严重区域之一的河田不但没有解决好原来的问题，反而出现了新的水土流失问题，水土流失面积也进一步扩大。在王其森、戴立丰所著的《长汀县河田水土流失区治理纪实》一文中谈道："据不完全统计，1967 年至 1976 年十年间，新的水土流失面积高达 19.9146 万亩，占流失总面积的

---

[1]　王其森、戴立丰：《长汀县河田水土流失区治理纪实》，中共龙岩市委党史研究室编：《闽西新时期农村的变革》，第 275 页。

18.16%。"①如此一来，前期的治理成果不但毁于一旦，而且造成了更大面积的秃山和水土流失问题，洪水与泥石流多次肆虐这些地区，人民群众生产生活条件更加恶化。

第三节　阔步改革　迎来绿色

20世纪80年代河田镇乌石岽原貌（图片来源：长汀县水土保持事业局）

改革开放以来，长汀县展开了以大搞农田基本建设为主的水土保持工作，水土流失治理工作重新成为福建省委、省政府的重要议题。在上级党委和政府的领导下，当地政府和人民经过不懈的努力，终于使长汀的荒山秃岭披上了绿色。

一、要改革　作示范

1977年以来，长汀县委领导人民群众开始尝试水土流失治理与科学开发利用国土资源相结合的方法，探索水土流失治理的长久之计。政府引导

---

① 王其森、戴立丰：《长汀县河田水土流失区治理纪实》，中共龙岩市委党史研究室编：《闽西新时期农村的变革》，第275—276页。

当地百姓结合当地的自然条件，种植经济作物，发展多样化农业生产。长汀当地首先在河田搞了一个千亩茶果场，从 1977 年 10 月开始，调集主要劳力 2,300 多人，在五里岗苦战 3 个多月，削平 12 座山头，填平 47 条崩沟，修造起 70.5 公顷的小平梯田，种茶 1,000 亩，种果 841 亩，办起了"茶果良种示范场"①。此举既绿化了植被，又一定程度上搞活了当地经济，增加了当地百姓的收入，调动了人民群众治理荒山的积极性、主动性。改革开放以后，当地开始重视以科学研究、科学手段促进长汀水土流失治理的工作。1980 年 7 月，长汀县科协组织县林学会、水电学会、农学会等联合对河田水土流失进行了第一次包括水文、气象、地理、地质、地貌、环保、农业经济、水利生物、林业 9 个方面的学科综合考察；同年 11 月，长汀县率先在福建省恢复了水土保持工作站。1982 年成立县水土保持委员会及其办公室，以千亩茶果场为基地做水土保持的课题研究并进行示范和推广工作，很快取得了一定的成绩。随后，在河田建立起八十里河、水东坊水土保持试验场和罗地人工草场等较大规模的"小流域治理"示范点，通过典型示范，以点到面地推进水土保持工作，取得了较好的效果。

　　同时，当地还不断总结、推广治理经验，注重制度机制的建立和健全，以制度压实治理责任，提高治理成效。新中国成立后，长汀经历"大跃进""文化大革命"和 20 世纪 80 年代初 3 次严重的森林砍伐，1984—1985 年，长汀县开展水土流失人工普查，全县水土流失面积 107.04 万亩（与 1985 年卫星遥感普查的流失面积 146.19 万亩有相差），占土地面积的 23.02%，长汀成为中国南方红壤区水土流失最严重的县份之一，其面积

---

① 王其森、戴立丰：《长汀县水土流失区治理纪实》，中共龙岩市委党史研究室编：《闽西新时期农村的变革》，第 276 页。

之广、程度之重、危害之大，居全省首位。[①]1983 年 4 月，时任福建省委书记项南首次视察长汀的水土流失治理工作，并与当地干部一起总结水土保持的工作经验，他将水土流失治理的规定、要求和长期积累的经验等编成朗朗上口的《水土保持三字经》，对群众进行宣传教育，使之深入人心。在项南的领导和推动下，1983 年福建省把长汀列为治理水土流失的试点，省政府有针对性地出台具体政策措施，支持河田的水土保持工作。为了制定有效的政策措施，福建省委、省政府先由长汀县政府组织人员对本地水土流失情况进行普查、摸底，随后省委、省政府组织省水保委、农业厅、林业厅、水电厅、省林科所、福建林学院、龙岩地区行署以及长汀县政府 8 大单位分工承包不同村的水土流失治理工作，通过建立制度机制、压实治理责任，提高水土流失治理工作成效。

20 世纪 80 年代至 90 年代末，各级政府加大资金投入，为水土流失治理提供有力的物质基础，提高治理成效。1986—1996 年，长汀县水土保持拨补及投入资金 1,637 万元，其中国家"以工代赈"372.68 万元，省级拨款 638.48 万元，地方投入 27.8 万元，部门投入 191.71 万元，群众自筹 369.59 万元；投工 248.39 万个工作日。[②]此外，长汀还不断进行制度改革、加大政策供给，调动当地民众保护森林、造林种果、绿化植被的积极性。1983 年开始，长汀县实施柴改煤燃料结构改革补贴政策。1998 年开始，长汀县在严重水土流失区实行改燃节柴"六改三推广"制度。1994 年，长汀县首次在策武拍卖"四荒"土地使用权，以此激励当地人民积极参与荒山绿化、植被保护，系统地推进水土流失区绿化工程，推动水土流失地区的治理工作。这项通过土地使用权转让来增加当地人民收益、调动当地百姓积极参与植被绿化和水土保持的举措效果明显，

---

① 《长汀水土保持志》编纂委员会编：《长汀水土保持志》，第 54 页。
② 《长汀水土保持志》编纂委员会编：《长汀水土保持志》，第 189—190 页。

同一年策武当地农户每户增收数百至上千元，继而这项举措在长汀全县推广。长汀当地的这些政策措施有效地推动了水土流失重点区域的荒山绿化、植被保护、水土保持工作，较好地改善了农业生产环境，增加了农业产值和农民收入。据统计，水土流失面积由 1985 年的 146.19 万亩，降至 1995 年的 112.1 万亩、1999 年的 110.65 万亩，水土流失率也由 1985 年的 31.47% 降至 1995 年的 24.13%、1999 年的 23.82%。[1] 河田治理区 1989 年与 1982 年相比，农田播种面积增加 1.69 万亩，晚稻面积增加 2,450 亩，粮豆总产量增加 1,788.5 吨。至 1996 年，全县耕地面积扩大 239.6 亩，改善耕地条件 6.85 万亩，减轻灾害损失 118 万元[2]，1982—1996 年，河田镇粮食产量由 2.3 万吨提高至 2.94 万吨，农民人均收入由 106 元提高至 1,937 元[3]。

长汀水土流失面积较大，仅靠当地群众的自发治理，难以达到效果，需要政策支持和推动。当地政府带领人民经过 1985 年至 1999 年 15 年的努力，使得长汀的水土流失情况有所缓解，在这一时期全县治理的水土流失面积达 45 万亩，减少水土流失面积 35.55 万亩。以河田为中心的水土流失区生态环境面貌开始改观，昔日的火焰山开始披上绿装，有效减轻了洪涝灾害，初步控制了水土流失。民众的生产生活条件也得到改善，农作物种植面积、水稻双季栽培面积均有所扩大，粮食单产逐年增加，人民生活水平不断得到提高，河田人民的绿梦期盼向前迈进一步。但同时又要看到，长汀当地仍有 100 多万亩的水土流失区亟待治理，如何彻底扭转水土流失的被动局面，任重而道远。

---

① 《长汀水土保持志》编纂委员会编：《长汀水土保持志》，第 124 页。
② 《长汀水土保持志》编纂委员会编：《长汀水土保持志》，第 134 页。
③ 《长汀水土保持志》编纂委员会编：《长汀水土保持志》，第 128 页。

二、新阶段　强"攻坚"

进入新阶段，长汀水土流失治理工作迎来了实质性变化，这与福建省委、省政府坚定不移的决心、坚强的领导以及长汀当地坚持不懈的努力分不开，更离不开习近平对长汀水土流失治理的殷殷嘱托和深深关切。可以这么说，在这一阶段的治理过程中，习近平对治理问题的精准把脉、倾心支持、倾力推动起到关键性、决定性作用，长汀最终迎来了水土流失治理局面的根本性扭转。

1998 年元旦，时任福建省委副书记的习近平到长汀调研，并给长汀水土流失治理题词："治理水土流失，建设生态农业"，长汀水土流失治理从此拉开了新阶段的工作序幕，并为以后经济发展方向埋下了伏笔。1999 年11 月 27 日，时任福建省委副书记、代省长的习近平专程赴长汀视察，充分肯定了水土流失治理的初步成果。2000 年 1 月，时任福建省省长习近平在长汀县人民政府《关于请求重点扶持长汀县百万亩水土流失综合治理的请示》上作出批示："搞好水土保持是可持续发展战略的一项重要内容，应引起我们的高度重视。项南同志在福建工作时，就十分重视抓长汀县的水土流失综合治理，我们应继续做好这项工作。请省直有关部门于近期听取一次龙岩市委、市政府和长汀县委、县政府的有关工作汇报，帮助长汀县搞好水土保持生态环境建设规划的论证，并拨给适当前期经费。同意将长汀县百万亩水土流失综合治理列入省政府为民办实事项目和上报长汀县为国家水土保持重点县。为加大对老区建设的扶持力度，可考虑今明两年由省财政拨出专项经费用于治理长汀县水土流失。"[1] 在习近平的直接推动下，福建省多次召开专门会议进行研究，长汀县水土流失综合治理被列为福建

---

[1]　中央党校采访实录编辑室:《习近平在福建》(下)，中共中央党校出版社 2021 年版，第 152 页。

省委、省政府为民办实事项目。福建省财政每年拨款 1,000 万元专项资金，龙岩市政府配套 190 万元资金，用于治理长汀水土流失问题。2001 年 10 月 13 日，习近平以全国人大代表的身份又一次来到长汀，指导长汀水土流失治理等工作，并到河田世纪生态园为自己捐种的樟树培土、浇水，激励长汀当地坚持不懈治理水土流失问题。2001 年 10 月 19 日，习近平再次对长汀水土流失治理工作作出批示，提出"再干八年，解决长汀水土流失问题"[①]的攻坚目标。

以此为契机，长汀大踏步地推进水土流失治理工作，取得了突出成效，实现了当地生态环境面貌的根本扭转。一是加大了治理规模与力度，水土流失治理取得新成效。十年治理水土 111.8 万亩，减少水土流失面积 64.35 万亩，长汀宜治理的水土流失地得到初步治理。二是不断探索水土流失治理的新路子，总结提炼新经验。在治理过程中，治理理念、治理措施、治理政策、治理机制等，都得到优化和提升，形成了"四个创新""五个结合""六个三"的治理模式等富有典型特征的长汀水土流失治理经验，被国家水利部水土保持司、科学院院士专家团誉为"中国水土流失治理的品牌""南方水土流失治理的一面旗帜""南方水土流失治理的典范"。从体制机制层面来看，水土流失治理的长效机制也逐渐形成。三是治理效益开始全面彰显。植被覆盖率提高，保土保水能力增强，生物群落向多样性、稳定性发展，生态环境大为改善。同时，调整和优化了土地利用格局，培育经济林果等生态产业，生产生活方式开始向绿色方向转变，取得生态环境保护和经济效益的双赢。

同时，不断健全和完善制度机制，落实治理责任，科学规划水土流失治理目标，有序推进生态环境建设。为了更有效地推进水土流失治理工

① 中央党校采访实录编辑室：《习近平在福建》（下），第 156 页。

作，长汀县人大多次提出相关议案，督促水土流失治理工作和生态环境建设。1998 年，长汀县十二届人大六次会议提出推动水土流失治理的相关议案；1999 年，长汀县十三届人大一次会议上有 22 名代表提出类似议案；2000 年，长汀县十三届人大二次会议上又有 21 位代表提出议案，连续三年三个议案，推动长汀水土流失治理工作进入攻坚阶段。此后，长汀县人大每年针对长汀水土流失工作均作出重点督办的提案或议案，且督办力度空前加大。在治理过程中，县政府也充分发挥主导作用，不但成立了"长汀县水土流失综合治理领导小组"，而且制定了《长汀县水土保持生态环境建设工作意见》，编制《长汀县水土保持生态环境建设规划（2000—2015 年）》，计划用 15 年的时间，分三个战役阶段，将未治理的水土流失区重新治理，彻底治理好。当地政府用了史无前例的力度，采取封山育林、改良植被、补贴烧煤、发展绿色产业、转移农村剩余劳动力和生态移民外迁等方式，进行了一场声势浩大的、长达数年的治理行动。

根据 2009 年的统计数据，长汀县累计治理了水土流失面积 107 万亩，第一个八年"攻坚"取得了较大的胜利。2010 年，福建省委、省政府作出再干八年的决定：持续把长汀水土流失治理列入省委、省政府为民办实事项目，继续实行扶持政策，再干八年，彻底根治水土流失问题，提出"水土不治、山河不绿，决不收兵"的奋斗决心。

三、新时代　进则胜

习近平进入中共中央领导班子以后，依然心系福建生态省建设工作，对长汀水土流失治理工作格外关注。2011 年 3 月 7 日，时任中共中央政治局常委、国家副主席的习近平强调指出，生态资源是福建最宝贵的资源，福建有最具竞争力的生态优势，生态文明建设应当是福建最花力气的建设。2011 年 12 月 10 日，长汀水土流失治理迎来了新的机遇，时任中共中央政治局常委、国家副主席的习近平对《人民日报》有关长汀水土流失治理的报道作出重要批示，要求中央政策研究室牵头组成联合调研组深入长汀实地调研。2012 年 1 月 8 日，习近平在中央调研组报送的《关于支持福建长汀推进水土流失治理工作的意见和建议》上作出重要批示，指出"长汀县水土流失治理正处在一个十分重要的节点上，进则全胜，不进则退，应进一步加大支持力度。要总结长汀经验，推动全国水土流失治理工作"①。

在习近平的关心和嘱托下，福建省委、省政府也倾注力量支持长汀水土流失治理工作，并在总结、推广长汀经验的基础上，大力推动福建生态省的建设，长汀水土流失治理工作由此迎来新的更大的契机。2012 年 1 月 29 日，时任中共福建省委书记的孙春兰赴长汀调研水土流失治理工作，要求将生态环境保护放在全局工作的突出位置，总结推广长汀经验，按照"进则全胜"的要求，加快全省水土流失治理工作，全面推进生态省建设。长汀人民带着习近平的殷切嘱托，在福建省委的坚强领导下，全力推进水土流失治理工作和生态文明建设，通过坚持不懈的努力，长汀攻克了长期困扰当地人民生产生活的痼疾，取得水土流失治理的历史性成就，长汀当地的生态环境也发生了历史性转变。根据统计数据显示，在"十二五"期间，长汀县累计综合治理水土流失面积 60.8 万亩，占规划任务的 104.8%，水土流失面积下降至 39.6 万亩，水土流失率降至 8.52%。与此同时，长汀水土流失治理工程投资也极大增加。据统计，长汀在"十二五"期间总共实施了 20 个水土流失治理项目，完成投资 3.23 亿元。全县新增林地水土流失治理、坡耕地改造、崩岗治理、草牧沼果生态治理及水土保持生态村等 41 个示范片，总面积近 5 万亩；全县新植或补植水土保持阔叶林近 9 万亩，植被覆盖率提高到 86%。长汀也以其出色的治

---

① 中央党校采访实录编辑室：《习近平在福建》（下），第 158 页。

理成效成为中国南方治理水土流失的样板县，吹响了中国推动生态文明建设的号角。

第四节　绿水青山　金山银山

生态文明建设应是促进形成生产空间集约高效、生活空间宜居适度、生态空间山清水秀，应是人与自然良性互动、人与自然和谐共生的状态。在这一意义上，长汀水土流失治理成就的取得仅仅是生态文明建设第一步，巩固水土流失治理成果、推动绿色发展、促进人与自然和谐共生等生态文明建设的目标还有很多工作要做。因此，对于长汀人民而言，生态文明建设永远在路上，还需要继续坚持生态环境的保护和建设，还需要不断转变生产生活方式，还需要努力探索和实践生态文明的发展道路。长汀人民也不负重托、不负众望，在习近平生态文明思想的指引下，在上级党委、政府的领导下，持续不断进行水土流失治理，巩固生态环境建设成果，并沿着"生产发展、生活富裕、生态良好"方向，不断探索和回答福建人民"'靠山吃山、靠水吃水'如何实现人与自然的和谐共生"这一最直接、最现实的理论和实践问题，探索和实践出了一条符合长汀当地实际的生态文明建设道路。

一、新长汀　变化大

改革开放以来，长汀人民在各级党委、政府的正确领导下，大力弘扬革命老区自力更生、艰苦奋斗的光荣传统和"滴水穿石、人一我十"的长汀精神，抢抓机遇，改革创新，苦干实干接力干，水土流失治理和生态建设取得显著的生态、社会和经济效益。

1985 年至 2020 年，长汀累计治理水土流失面积 303.47 万亩，减少水土流失面积 114.67 万亩。据调查，水土流失面积从 1985 年底的 146.19 万

河田镇露湖喇叭寨 1989 年原貌

河田镇曾是长汀县水土流失最严重的乡镇，而露湖村又是河田水土流失之最，全村 70% 以上的山地均为光头山。2000 年，长汀县委、县政府召开了声势浩大的水土流失治理誓师大会，在河田镇露湖村兴建了面积达 1,818 亩的水土保持科教园，发布了封山育林"县长令"，打响了水土流失治理的又一次攻坚战。

河田镇露湖喇叭寨 2017 年景象

亩下降到 2020 年的 31.53 万亩，水土流失率降为 6.78%。[1]2000—2009 年，水土流失区植被覆盖率由 15%—35% 提高到 75%—91%[2]；据 2011 年 11 月

---

[1] 《长汀水土保持志》编纂委员会编：《长汀水土保持志》，第 74 页。
[2] 《长汀水土保持志》编纂委员会编：《长汀水土保持志》，第 3 页。

河田镇水东坊 1983 年 5 月原貌

河田镇水东坊 2017 年 8 月景象

河田镇罗地草山 1985 年原貌

河田镇罗地草山 2017 年景象

　　从 20 世纪 80 年代开始至 2017 年，长汀 20 多年的水土流失治理工作取得的成效（图片来源：长汀县水土保持事业局）

遥感普查（比照 20 世纪 90 年代初），土壤侵蚀模数由每年每平方千米 4,880 吨（比照 20 世纪 90 年代初）下降到 438—605 吨，径流系数由 0.53 下降到 0.27—0.35，含沙量每立方米由 0.35 千克下降到 0.17 千克[1]，年增加

---

[1] 《长汀水土保持志》编纂委员会编：《长汀水土保持志》，第 126 页。

南山镇大坪治理点 2012 年 1 月原貌　　　南山镇大坪治理点 2017 年 9 月景象

河田镇刘坊治理点 2012 年 1 月原貌　　　河田镇刘坊治理点 2017 年 8 月景象

"进则全胜"阶段，长汀 5 年的水土流失治理工作取得的成效（图片来源：长汀县水土保持事业局）

保水 6,526.4 万立方米、保土 128.47 万吨。[①] 森林面积由 1985 年的 275.36 万亩提高到 2020 年的 374.3 万亩，森林覆盖率由 1985 年的 59.8% 提高到 80.32%，森林蓄积量由 1983 年的 1,304.1 万立方米提高到 2,421.9 万立方米。[②] 长汀县先后获评全国生态文明建设示范县、全国现代林业建设示范县

① 《长汀水土保持志》编纂委员会编：《长汀水土保持志》，第 3 页。
② 《长汀水土保持志》编纂委员会编：《长汀水土保持志》，第 50 页。

河田镇蔡坊治理点 2012 年 1 月原貌

河田镇蔡坊治理点 2017 年 7 月景象

河田镇刘源治理点 2012 年 2 月原貌

河田镇刘源治理点 2017 年 8 月景象

等国家、省级荣誉 20 多项，列入全国首批"水生态文明城市"建设、全国第六批生态文明建设等 10 多个国家级试点。

长汀在治理水土流失过程中，不但绿化了荒山，改造了河道，而且不断转变当地人民传统的生产生活方式，开启了生态文明建设的新征程。长汀当地在治理过程中认识到，水土流失治理也是一个系统的、全面的工程，既包括荒山秃岭、河流水道的治理，也涉及农村居民传统落后生活、生产方式的改变。长汀当地通过制度规定约束、生活基础设施完善、宣传教育等多种方式，如采取农村生活用水改造、厕所改造、生活垃圾设施改造等措施，引导当地民众转变生活燃料取用方式、生活方式、消费观念。以前生活垃圾随意堆放、任意倾倒入河，生活污水任意排放入河等现象逐渐消失了，流经村子的溪流变得清澈干净了，村子也变得清洁卫生了，传统的生产生活方式、生活习惯都发生了变化，由此开辟了农村发展的新方向、新格局、新天地，展现出一个令人振奋的生态文明建设的新时代。

河田镇刘坊 2001 年 5 月原貌

河田镇刘坊 2017 年 8 月景象

河田镇游坊 1988 年 9 月原貌

河田镇游坊 2017 年 8 月景象

长汀水土流失治理工作取得的成效（图片来源：长汀县水土保持事业局）

全面推进生态文明建设已成为长汀在根治水土流失治理问题之后的必然要求，长汀也在推进这一进程中形成了独特的经验。党的十八大报告指出，建设生态文明，是关系人民福祉、关乎民族未来的长远大计。面对资源约束趋紧、环境污染严重、生态系统退化的严峻形势，必须树立尊重自然、顺应自然、保护自然的生态文明理念，把生态文明建设放在突出地位，融入经济建设、政治建设、文化建设、社会建设各方面和全过程，努力建设美丽中国，实现中华民族永续发展。长汀当地正是沿着生态文明建设的要求和方向，在全方位、全过程推进水土流失治理的同时，结合长汀当地的自然生态特征，不断进行生态文明建设的探索，成功实践出一条独具长汀特色的生态文明建设新道路，逐步建成一个绿色产业发展有序、人民安居乐业、自然环境山清水秀的新时代长汀。长汀县过去的"火焰山"如今已经绿满山、果飘香，山清水秀得以回归，自然生态与经济社会发展日益和谐，一个美好家园正展现在人们的眼前。长汀人民用其伟大的实践诠释了"绿水青山就是金山银山""改善生态环境就是发展生产力"的生态文明发展之道，书写出可资借鉴、值得推广的长汀经验。

在决胜水土流失治理的基础上推进生态文明建设也是实现全面建成小康社会、推动实现共同富裕、增进当地人民福祉的必然要求。2001 年 8 月，时任福建省委副书记、省长习近平在全省治理餐桌污染暨建设食品放心工程工作会议上深刻地指出，"群众所关心的，就是我们政府工作的着力点，人民所需要的，就是政府的使命"[1]。习近平在福建工作期间，对民生福祉、群众利益高度关注，倾注心力，"进则全胜，不进则退"是他对长汀水土流失治理工作的殷切嘱咐，这份嘱托更加激励了长汀人民决胜水土流失治理的斗志，更加坚定了长汀当地建设生态文明的信心和决心，长汀当地党委、

---

[1]　中央党校采访实录编辑室：《习近平在福建》（上），中共中央党校出版社 2021 年版，第 300—301 页。

政府坚定不移地坚持习近平生态文明思想，紧紧围绕人民群众的民生福祉，不断探索、实践，推动经济社会和生态环境协调发展，开创了长汀生态文明建设的新局面，形成了富有典型意义的长汀经验。

二、加油干　迎难上

长汀水土流失治理和生态文明建设虽然已经取得巨大成绩，恶劣的生态状况得到了根本性扭转，但我们也应当认识，长汀当地生态环境才恢复不久，有些地点的生态环境依然比较脆弱，离生态系统良性循环、经济社会和生态环境协调发展、人与自然和谐共生的目标还有差距；有些地方还遗留一些斑点式的水土易流失区域还未彻底根治，这些地方虽然面积很小，但却是水土流失治理最难啃的"硬骨头"，还需要继续发力，才能真正实现生态美丽的目标。

第一，斑点式水土流失区彻底治理难度大。据 2015 年卫星遥感调查，长汀县总体剩余的 39.6 万亩水土流失面积分布在 17 个乡镇 1.33 万个斑块，由于流失斑块零星分散、交通不便、土壤贫瘠，后续治理难度增大，消灭单位水土流失面积所需的治理成本也在逐年增加，资金使用效率下降、治理效率也在下降，水土流失治理进入了攻坚克难阶段。截至 2017 年底，全县现存水土流失面积 36.9 万亩，占全县国土总面积的 7.95%，要彻底根治水土流失问题、建设生态文明，任务依然艰巨，不能丝毫松懈。

第二，初步恢复区生态依然脆弱。当年的荒山秃岭得到了很大的改善，但治理、恢复工作并未结束，已经治理的山地还需要巩固提升，尤其是林种结构、地表植被，还需要进一步优化。这一类治理过的山地虽然表面看起来已经绿树成荫，但林分结构比较单一、林木比较幼小，后续养护、优化工作繁多复杂。在这些治理区中，常见的乔木多为马尾松一种，常见的草种主要是野生芒萁。除此之外，还有不少地表依然呈现斑点式裸露，无法达到全面积绿色植物覆盖。因此，远观植被覆盖率很高的地方，其实底层依然存在水土流失的风险，一旦这些乔木、草种恢复不好或死亡，就可能导致水土流失问题反复。同时，已治理的106万亩山地植被以马尾松为主、林分结构单一、防火防病虫害能力差、水土涵养功能较低，需要播种草本植物、种植灌木或阔叶林才能优化植被状况，形成健全的森林生态系统。此外，由于初步治理区的土壤结构和肥力尚未完全恢复，难以支撑植被的后续生长，森林植被、生态系统还存在着"二次退化"的风险，这些初步治理区生态依然脆弱，还需要下大力气加强整体生态系统的修复、养护，水土流失治理和生态建设工作丝毫不能懈怠。

第三，水土流失区的乡村发展基础仍很薄。水土流失区既是生态脆弱区，也是乡村发展滞后区，人居环境较差、农村产业单一、农民收入较低。虽然从长远来看，水土流失治理可以为经济社会发展构筑良好的生态根基和条件，但是水土流失治理措施与乡村振兴、产业发展等的直接契入点较少，而一旦乡村发展滞后，就无法为水土流失治理提供强大的动力，也会影响水土流失治理成果的保护，如何改善人居环境、优化产业结构、增加农民收入，成为今后水土保持工作和生态文明建设面临的长期性挑战。同时，时代不断变迁，社会不断进步，人民群众的需求也在不断增长。这就需要我们转变观念、多方发力、综合施策，运用科学的治理理念和先进的治理技术，将水土流失治理、生态文明建设与推动经济社会发展结合起来，开拓绿色产业发展道路，拓展产业发展方向，增加当地人民群众的收入，才能真正实现长效治理的目标。

第四，治理长效机制还有待于进一步健全和完善。由于水土流失地区，尤其是尚未彻底治理的斑点式水土流失地带，地理条件差、土地贫瘠、农业生产效益差，成本投入高、效益产出低，民众主动承包、租赁经营的积极性不高，还无法广泛调动社会力量，吸纳社会资本、社会资源，共同参与水土流失治理、发展生态产业，导致水土流失多元化治理机制还无法形成，生态环境建设和改善难度仍然很大。要改变这一现象、实现水土流失长效治理的目的，还需要充分发挥政府的作用，全面提升政府的治理能力和治理水平，尤其是健全完善制度机制，通过制度机制的优化和落实，来实现管权治吏、增绿护蓝的目的，来激发治理主体活力，调动更多的社会资源、社会力量，共同投入水土流失治理和生态文明建设的行动中。因此，在这一意义上，长汀水土流失治理和生态文明建设还需要持续不断努力，不断探索形成有效的治理机制和激励机制，才能真正实现生态文明建设的目标。

第二章

长汀经验　生态文明建设的新实践

　　20世纪上半叶，"红旗越过汀江"，革命的种子通过长汀播撒到了广袤的闽西大地，当时长汀人民群众的期盼是高举红旗走向解放。新中国成立后，长汀人民开始了步履艰难的水土流失治理之路，希望以此改变当地的生产发展环境，摆脱贫穷落后的面貌，走向富裕。20世纪80年代以来，长汀当地在党和政府的领导下，加大治理力度，治理成效日益明显。党的十八大以来，在习近平生态文明思想科学指引下，长汀人民牢记习近平总书记的殷殷嘱托，持续弘扬"滴水穿石、人一我十""进则全胜，不进则

位于长汀三洲镇的汀江国家湿地公园是国家AAAA级景区、水土流失治理示范基地。三洲镇人民不但成功治理了水土流失，而且秉持绿水青山就是金山银山的理念，种上了漫山遍野的杨梅树，郁郁葱葱，并从中摸到了致富门路。仅丘坊和戴坊就种了3,000多亩，全乡共种植杨梅12,260亩，打造了万亩杨梅基地，助力长汀县一举成为国家第一批"全国生态文明建设示范县"。

长汀县汀江国家湿地公园

退"的精神，全方位、全地域、全过程推进水土流失治理和生态文明建设，终于迎来了水土流失治理的决定性胜利，将各种荣誉称号的"旗帜"插满了原来的荒山，向党和国家交出了完美的答卷，形成了富有典型特征的长汀经验。长汀经验为孕育习近平生态文明思想提供了丰富的实践基础，同时又是习近平生态文明思想在水土流失治理和生态文明建设实践上的生动展现，它成为全国各地治理水土流失的"他山之石"，为全国其他地方的生态文明建设提供了可资借鉴的宝贵经验。国家水利部肯定了长汀的水土保持工作，提出了"北有定西、南有长汀"的经验之谈。长汀治理模式与成效被中国水土流失与生态安全院士专家考察团誉为南方红壤丘陵区水土流失治理的典范；中国科学院、中国工程院、水利部联合考察组称长汀水土流失治理是中国水土流失治理的品牌。自此，长汀获得"全国生态文明建设示范县""全国现代林业建设示范县""首批国家生态保护与建设示范区"等荣誉称号。

理论链接 ——新时代生态文明的理论创新

生态文明建设是中国特色社会主义现代化建设"五位一体"总体布局的重要内容。党的十八大以来，以习近平同志为核心的党中央从中华民族永续发展的高度出发，深刻把握生态文明建设在新时代中国特色社会主义事业中的重要地位和战略意义，紧紧围绕为什么建设生态文明、建设什么样的生态文明、怎样建设生态文明等重大理论和实践问题，把马克思主义基本原理同中国具体实际相结合，尤其是同中国特色社会主义生态文明建设具体实践相结合，同中华优秀传统文化相结合，以前所未有的力度抓生态文明建设，从思想、法律、体制、组织、作风上全面发力，中国生态文明建设取得了历史性成就，生态环境也由此发生了历史性、转折性、全局性变化，深刻地回答了关于生态文明建设的一系列重大理论和实践问题，形成了习近平生态文明思想。习近平生态文明思想是以习近平同志为核心的党中央带领人民群众在新时代生态文明建设实践中形成、检验并不断得以发展的真理性认识，是在推进社会主义现代化建设和中华民族伟大复兴的实践中形成产生的，这一思想系统阐释了人与自然、保护与发展、环境与民生、国内与国际等的关系，是一个主题鲜明、系统全面、逻辑严密、内容丰富、内在统一的科学理论体系。习近平生态文明思想的产生标志着我们党对社会主义生态文明建设的规律性认识达到新的高度，为推进中国生态文明建设、实现人与自然和谐共生的现代化提供了科学的理论指南、方向指引和根本遵循。

一、生态文明建设的理论依据

习近平生态文明思想是习近平新时代中国特色社会主义思想的重要组成部分，是社会主义生态文明建设的理论和实践创新成果，是当代中国马克思主义、21世纪马克思主义在生态文明建设领域的集中体现。这一科学思想体系以构建人与自然和谐共生的现代化为目标，紧扣社会主义生态文明建设进程中所面临的重大理论和实践问题，继承和创新了马克思主义生态观，深刻总结中国特色社会主义现代化建设的实践经验，特别是总结党的十八大以来中国生态文明建设进程中所取得的实践经验，深刻反思传统文明、工业文明进程中不正确对待发展与生态环境保护之间关系带来的经验教训和恶果，吸收了中华优秀传统文化关于人与自然关系的生态智慧和传统，是在全方位、全领域、全过程推进生态环境治理、建设美丽中国的进程中形成发展起来的。习近平生态文明思想的形成发展具有深厚的理论依据、实践基础、文化底蕴。

首先，马克思主义生态观是习近平生态文明思想形成发展的理论依据。习近平生态文明思想继承和创新了马克思主义生态观，运用和深化了马克思主义关于人与自然、生产和生态的辩证统一关系的认识。马克思恩格斯认为人是自然界的一部分，自然界是人类生存和发展的基础和前提条件，人类与自然界是相互依存、相互联系的，劳动是人类与自然建立关系的纽带，人类通过劳动从自然界中获取生产生活资料，又因此改造了自然，使之成为"人化的自然"。在马克思恩格斯那里，人与自然之间的关系是密不可分的，人类是依靠自然而存在的，自然是人类生存的基础，他们强调人类在利用和改造自然实现自身的发展时要善待自然、保护自然。马克思恩格斯在其著作中对人类毁坏自然、破坏环境等行为给予严厉的谴责，多次强调人类一旦违背自然规律必将受到自然界的惩罚，提出人类文明若想在地球延续下去，就必须采取正确的方式对待自然，与自然和谐相处。

马克思恩格斯还深刻批判了资本主义工业文明不正确处理人与自然、生产与生态的方式，揭示人与自然关系扭曲的制度根源和资本本性，并提出实现人与自然和谐相处的制度出路。他们无情揭露了资本主义工业文明之下严重的环境污染、生态危机以及工人恶劣的生存环境等问题，深入批判了资本主义生产方式所造成的人与人、人与社会、人与自然关系的异化，深刻分析了资本主义工业文明下生态问题产生的成因，指出资本主义制度及以生产资料私有制为基础的资本主义生产关系是生态环境问题产生的深层根源，告诫人们保护环境和建立人与自然和谐关系的重要性。马克思主义关于人与自然、生产与生态的辩证统一关系的认识为习近平生态文明思想形成发展提供了科学的理论依据，是习近平生态文明思想的理论来源。习近平生态文明思想运用、深化、发展了马克思主义生态观，提出了"生态兴则文明兴""坚持人与自然和谐共生""绿水青山就是金山银山""良好生态环境是最普惠的民生福祉""共同构建地球生命共同体"等新思想、新观点、新论断，以新的视野、新的认识、新的理念赋予马克思主义生态观新的时代内涵，这一科学思想体系为中国生态文明建设指明了正确的方向和目标，提供了根本遵循。

同时，习近平生态文明思想是对传统文明尤其是工业文明不正确的发展方式深刻反思形成的认识结果。人类经历了原始文明、农业文明、工业文明，人与自然的关系也随着生产方式的变化而发生变化，特别是在工业文明时代，科学技术的迅速发展使得人类开发利用和开发自然的能力、手段急剧提升，自然界也不再具有过去的神秘色彩。传统工业化发展模式尤其是建构在资本逻辑、人类中心主义基础上的资本主义工业化模式在给人类带来巨大物质财富的同时，也加速了对自然资源的攫取和生态环境的破坏，造成了地球生态系统的失衡以及人与自然关系的紧张，危及人类的生存和经济社会的可持续发展。现实中，一些国家照搬西方发达国家工业文明的发展模式，片面地追求经济增长，结果导致能源资源紧张、生态环境恶化、社会两极分化等种种问题，最终陷入经济发展失衡、社会冲突不断、政治动荡不安等局面。习近平生态文明思想是对传统文明、工业文明进行深刻反思形成的科学认识成果，它是对西方以资本为中心、物质主义膨胀、先污染后治理的工业文明发展道路的批判与超越，实现了马克思主义关于人与自然关系思想在生态领域的新发展。

其次，广阔的中国特色社会主义现代建设实践，特别是生态文明建设实践是习近平生态文明思想形成发展的实践基础。改革开放以来，经过长期努力，中国经济社会发展取得巨大成就，经济实力、科技实力、综合国力显著提升。然而，中国环境容量有限，生态系统脆弱，在推动经济社会发展的同时，也面临着资源环境约束趋紧、生态系统退化等各类问题，特别是各类环境污染、生态环境破坏呈高发态势，与人民群众生产生活密切相关的大气、水资源、土壤等污染问题依然突出，食品安全问题形势依然严峻，等等。这些问题的存在严重影响了经济社会的高质量发展和人民幸福感的增长，亟须采取强有力的措施，加强生态环境保护和建设，为社会主义现代化建设构建良好的根基和条件。

经过长期坚持不懈的治理和建设，中国生态环境保护发生了历史性、转折性、全局性变化，生态文明建设的历史性成就为习近平生态文明思想形成发展提供了坚实的实践基础。党的十八大以来，以习近平同志为核心的党中央以前所未有的力度抓生态文明建设，把生态文明建设摆在党和国家工作全局的重要位置，将生态文明建设纳入"五位一体"总体布局，把"坚持人与自然和谐共生"纳入新时代坚持和发展中国特色社会主义的基本方略，"促进人与自然和谐共生"成为中国式现代化的本质要求，"美丽中国"也成为社会主义现代化强国目标，"绿色发展"成为新发展理念的重要内容，"污染防治"也被纳入决胜全面建成小康社会三大攻坚战，等等。一系列战略布局、战略目标、战略举措等的提出体现出我们党对社会主义生态文明建设的规律性认识达到新高度，并从思想、法律、体制、组织、作风上全面发力，全方位、全地域、全过程加强生态文明建设，生态环境质量显著改善，生态环境治理和保护取得明显成效，绿色循环低碳的发展方式日益形成，生态产业快速发展，生态环境保护和治理的制度体系日益严密，生态文明观念深入人心，全球生态环境治理的国际影响力不断提升。生态文明建设取得如此巨大的成就关键在于在实践中始终以习近平生态文明思想为指导，关键在于始终坚持人与自然和谐共生的自然生态观、绿水青山就是金山银山的绿色发展观、良好生态环境是最普惠的民生福祉的生态民生观、统筹山水林田湖草系统治理的生态治理观、用最严格制度最严密法治保护生态环境的生态法治观以及共同构建地球生命共同体的全球生态治理观等，这些生态文明建设的理念原则共同构成了习近平生态文明思想的丰富内涵。可以这么说，习近平生态文明思想是在不断深化对生态文明建设规律性认识中形成发展起来的，是由实践探索到科学理论指导的重大转变，中国生态文明建设的丰富实践为习近平生态文明思想的形成发展提供了坚实的基础，同时生态文明建设的丰富实践和伟大成就又是这一科学理论体系思想伟力的生动体现。

再次，中华优秀传统生态文化是习近平生态文明思想形成发展的深厚文化底蕴。中华文明源远流长、生生不息，中华民族一直以来崇尚自然、热爱自然，中华上下 5000 多年的文明孕育着丰富的生态文化。中华传统文化对天人关系、人与自然关系等哲学命题均有较深刻的论述和见解，其中不乏一些合理、独到的观点，如儒家的"天人合一""取之有度，用之有节"等生态伦理规范，道家的"人法地，地法天，天法道，道法自然""无为而治"等生态文化，佛家主张众生平等生态观等，都体现了中华传统文化提倡人应尊重自然、顺应自然、与自然和谐相处的主张，是朴素的生态文明观点。这些伦理观念认为，世界万物的生成和演化都源自于自然，人与万物的联系都统一在自然之中，自然是生命之本，应尊重自然、顺应自然。从这些朴素的自然观出发，人类的欲望应当适可而止，人类在开发和利用自然时，应顺应自然之"道"，不能违背自然规律、过度开发自然，这样才能保持人与自然的和谐统一。习近平生态文明思想根植于中华优秀传统生态文化，传承了中华优秀文化的生态智慧和文化传统，使之与中国生态文明建设实践相结合，并在实践中对它们进行创新性转化、创造性发展，不断赋予它们新的时代内涵，体现了中华文明的时代精华，它是一个系统完整、逻辑严密、内涵丰富的科学理论体系，为中国的生态文明建设和人类可持续发展贡献了中国智慧、中国方案。

总之，习近平生态文明思想根植于中华优秀传统文化，立足于当代中国特色社会主义实践，特别是新时代生态文明建设实践，以中国正在进行的生态文明建设面临的问题为中心，坚持把马克思主义基本原理、中华优秀传统文化同中国社会主义现代化建设和生态文明建设的具体实践相结合，形成发展起来的科学理论成果，它深刻回答了生态文明建设一系列重大理论和实践课题，体现了中国共产党人的根本宗旨和实现社会主义现代化强国的根本要求，也体现了中国对共同治理全球生态问题、推动构建人类命运共同体的担当，它必将成为中国生态文明建设的根本遵循和行动指南，也必将为人类可持续发展作出中国贡献。

二、生态文明建设的科学理念

在几代中国共产党人不懈探索的基础上，中国共产党紧紧把握新时代人民群众根本利益的重大变化，即对优美生态环境有了更高的期盼和要求，以新的视野、新的认识、新的理念赋予生态文明建设理论新的时代内涵。习近平生态文明思想是中国共产党人领导中国人民在进行生态文明建设、推进人与自然和谐共生现代化进程中形成发展起来的理论创新成果和实践创新成果，开创了生态文明建设新境界。这一思想系统阐释人与自然、生态环境保护与经济社会发展、环境建设与保障改善民生、建设美丽家园与共谋全球生态文明等的重大关系，深刻回答新时代生态文明建设的根本保证、历史依据、基本原则、核心理念、宗旨要求、战略路径、系统观念、制度保障、社会力量、全球倡议等一系列重大理论与实践问题，对新形势下生态文明建设的战略定位、目标任务、总体思路、重大原则作出系统阐释和科学谋划，是谋划生态文明建设的总方针、总依据和总要求[①]，必然成为中国推进生态文明建设、推动实现人与自然和谐共生现代化的科学指南和指导原则。习近平生态文明思想内涵丰富、博大精深，它创造性地运用了马克思主义立场、观点和方法，提出了一系列具有原创性、时代性、指导性的重大思想观点，这一科学思想体系的主要内容集中体现在"十个坚持"，它所蕴含的一系列科学理念是生态文明建设的指导性原则。

第一，要站在文明兴衰的历史高度，深刻认识"生态兴则文明兴"的深刻蕴意，坚持正确的自然生态观，促进人与自然和谐共生。"坚持生态兴则文明兴"，这是中国生态文明建设的历史依据，在社会主义现代化建设进程中要深刻认识生态环境的重要地位和作用，树立正确的自然生态观。习

---

① 习近平生态文明思想研究中心：《深入学习贯彻习近平生态文明思想》，《人民日报》2022 年 08 月 18 日第 10 版。

近平总书记强调，"生态兴则文明兴，生态衰则文明衰""生态环境是人类生存和发展的根基，生态环境变化直接影响文明兴衰演替"[①]。古代四大文明中古代埃及、古代巴比伦的衰亡与它们的生态环境恶化、土地荒漠化直接关联，中国古代一些地区也有过因人为过度活动，生态环境遭到严重破坏，导致经济衰退、文明衰亡的历史，古今中外文明兴衰的经验教训告诉我们，人类文明的发展离不开良好生态环境这一根本基础，必须从文明兴衰的高度来认识、对待自然生态保护和建设问题。对此，习近平生态文明思想指出，在推进经济社会发展过程中，必须尊重自然、热爱自然，把人类活动限制在生态环境可承受的范围内，顺应人与自然和谐发展的要求，给自然生态留下休养生息的时间和空间，才能实现人类社会的可持续发展，实现人与自然的和谐共生。习近平生态文明思想明确要求，必须以对人民群众、对子孙后代高度负责的态度和责任，加强生态文明建设，筑牢中华民族永续发展的生态根基。

第二，坚持人与自然和谐共生。坚持人与自然和谐共生是中国生态文明建设的基本原则。习近平总书记强调，"自然物构成人类生存的自然条件，人类在同自然的互动中生产、生活、发展""自然是生命之母，人与自然是生命共同体"[②]。实现人与自然和谐共生的现代化是社会主义现代化强国目标中的一项重要内容，在注重物质文明、政治文明、精神文明、社会文明的建设，推动经济社会发展的同时，加强生态环境的保护和修复、推动生态文明建设是社会主义现代化强国题中应有之义。习近平生态文明思想正是站在人与自然和谐共生、人的全面自由发展的历史高度，要求我们在谋划经济社会高发展时，必须敬畏自然、尊重自然、顺应自然、保护自然，改变工业文明传统模式中"人类中心主义""物质主义"的错误观念，树立人

---

① 习近平：《论坚持人与自然和谐共生》，中央文献出版社 2022 年版，第 2 页。
② 习近平：《论坚持人与自然和谐共生》，第 225 页。

与自然和谐共生的理念，把自然生态的保护放在中心位置，坚持节约资源和保护环境的基本国策，坚持节约优先、保护优先、自然恢复为主的方针，合理地开发自然、友好地对待自然，建设以资源环境承载力为基础、以自然规律为准则、以可持续发展为目标的资源节约型、环境友好型社会，推动实现人与自然和谐共生的现代化。

第三，生态文明建设应坚持绿色发展观，统筹推进经济社会发展和自然生态保护，促进经济社会和自然生态等各领域全面发展。发展是人类社会文明进步的基础，是马克思主义一个最基本的主题，也是社会主义本质要求之一。习近平总书记强调，"绿水青山既是自然财富、生态财富，又是社会财富、经济财富"[1]"保护生态环境就是保护生产力，改善生态环境就是发展生产力"[2]。然而在过去的发展阶段中，人们曾经以"绿水青山"、以牺牲自然资源为代价，换得一时性的经济增长和社会进步，最终却导致经济社会发展与资源环境之间的矛盾凸显。这种发展观念不但使得人们花费成倍代价去修复自然生态、治理环境问题，而且还让经济社会发展失去可依托的自然条件和基础，最后反而制约了经济社会的发展。面对日益突出的生态环境问题和经济社会发展的困境，习近平生态文明思想指出，生态环境是经济社会发展的根本，在推动经济发展过程中，要树立正确的发展观念，转变经济增长方式，处理好生态环境保护和经济社会发展的关系问题。

一是要促进经济社会与自然生态整体协调发展。社会主义现代化是经济、政治、文化、社会、生态五个领域全面发展的现代化，建设生态文明是中国社会主义现代化建设的必然要求。习近平生态文明思想指出，自然生态与经济、政治、文化、社会等方面的发展是相辅相成、相互促进的，

---

[1] 《习近平谈治国理政》（第三卷），外文出版社 2020 年版，第 361 页。
[2] 习近平：《论坚持人与自然和谐共生》，第 26 页。

应把推动生产发展、实现生活富裕与促进生态良好统一起来，全面、系统地推进社会主义现代化进程。在实践中，不能片面强调经济社会的发展，而忽视对生态保护和修复，而应转变经济发展方式，走绿色、低碳、循环的发展道路，在推动经济社会发展的同时，协调推进生态环境的建设、保护和修复，促进经济社会系统和自然生态系统的良性循环，实现生产发展、生活富裕、生态良好的目标。

二是要坚持绿色发展观念，以"绿水青山"促进经济社会新发展。生态文明要建设的是资源节约型、环境友好型社会，实现人与自然和谐共生，习近平生态文明思想指出，"绿水青山"与"金山银山"二者是相辅相成、相互促进的，必须统筹协调好二者之间的关系，树立绿色发展观念。要深刻认识到"绿水青山就是金山银山"，建设生态环境、保护"绿色青山"绝不是单纯的投入，也绝不是不产出经济财富和社会财富。要从长远发展、整体发展看待"绿水青山"的保护和生态环境的建设，认识到"绿水青山"、优美的生态环境一方面可以为经济发展提供源源不断的动力，要努力把绿水青山所蕴含的生态价值转化为金山银山，让良好生态环境成为推动经济社会持续健康发展的动力和生长点，促进绿富共赢。另一方面，"绿水青山"可以为经济发展创造新机会、新方式。"绿水青山"、优美的生态环境可以为经济发展创造新的商机和发展空间。老百姓生活好了，环境好了，需求日益多样化、丰富了，商机也就多了，就可以吸引更多的投资，形成休闲、旅游、文创等新的产业链，有力地促进经济发展。因此，"绿水青山"的建设本身既可以创造自然生态财富，同时也可以带来经济财富和社会财富，生态文明建设应当朝这样的方向推进，形成良好的绿色发展状态。

第四，生态文明建设应坚持"良好的生态环境是最普惠的民生福祉"的民生观，不断致力实现人民对优美生态环境的需求。习近平深刻地指出："良好的生态环境是最公平的公共产品，是最普惠的民生福祉。对人的生存来说，金山银山固然重要，但绿水青山是人民幸福生活的重要内容，是金钱不能替代的。"①构建生态文明、实现人与自然和谐共生的出发点和落脚点是满足人民群众对优美生态环境的需求，让人民共享生态文明成果，促进人的全面自由发展。众所周知，实现人民群众的根本利益、促进人的全面自由发展是社会主义社会的发展目的。然而，人民群众根本利益在不同时期、不同阶段有着不同的具体内容、表现形式。在生产力相对落后阶段，人民群众最主要的需求主要表现在基本的物质层面上，随着生产力水平的提高和基本物质需求的满足，人民群众的需求会日益多样化、个性化，朝着更高的、更全面的方向发展，对生活质量、生态环境、价值层面等的要求必然会成为人民群众更高阶段的基本需求，优美生态环境也会成为决定人民幸福感的关键因素。当前中国社会主要矛盾已经转化为人民日益增长的美好生活需要和不平衡不充分的发展之间的矛盾，人民群众对优美生态环境的需要也已经成为人民群众追求高品质生活的共同呼声和重要内容。同时，还要认识到优美的生态环境是最普惠、最均衡的公共物品，保护和改善生态环境不但可以让广大人民群众共享生态文明成果，而且还可以造福子孙后代，促进人的全面自由发展。因此，生态文明建设必须坚持"良好生态环境是最普惠的民生福祉"的民生观，落实以人民为中心的发展思想，解决好人民群众反映强烈的突出环境问题，创造更多优质生态产品，构建更优美的生活环境，让人民过上高品质生活。

第五，建设生态文明要坚持系统观、全局观。习近平生态文明思想强调，必须从建设人与自然和谐共生的现代化的战略全局来认识把握生态文明建设这一战略任务，深刻认识生态文明建设在"五位一体"总体布局中的地位和作用以及经济社会发展与生态文明建设之间的相互关系等，把它放在中华民族永续发展和中国特色社会主义建设事业的大局中，从长远发

---

① 习近平：《论坚持人与自然和谐共生》，第26—27页。

展、全局发展、整体发展出发，全面谋划和推进生态文明建设。要从自然生态整体系统出发，全方位谋划生态文明建设。众所周知，自然生态是由不同的子系统、生态要素和系统环境等共同构成的统一整体，各子系统、生态要素虽然在生态系统中各就其位、承担不同功能，但是它们之间又相互依存、紧密联系。一是从系统和全局出发，科学、合理地对自然生态各子系统、系统各要素进行空间布局，全面改善、提升山水林田湖草沙系统和系统内各要素的功能，促进各子系统、系统内各要素功能齐整、健全，使生态系统各层域、各结构相互促进以及各子系统、各要素与系统环境之间良性互动，整体性、全面性优化自然生态系统质量。二是全方位、全地域、全过程加强生态环境保护和治理。生态环境建设既要对自然生态系统本身进行修复和保护，又要综合施策、系统治理、综合治理、源头治理。在对生态环境内部进行修复保护的同时，还要从政治、行政、制度、法治等手段出发，内外发力，为生态环境保护构筑严密的制度体系和外部环境，全方位、全地域、全过程加强生态环境建设，整体性提升生态系统自我修复能力和稳定性，促进生态系统良性循环。

三、生态文明建设的科学原则

生态文明建设关系到人民福祉和中华民族永续发展的千年大计，是中华民族伟大复兴的重要战略任务。当前，中国生态文明建设成效显著，生态治理水平不断提升，生态环境质量持续向好。同时也应看到，中国生态文明建设基础比较薄、成效还不稳固，生态破坏、环境污染等问题时有发生，绿色低碳循环发展经济体系还未完全形成，还需要加大力气推进生态文明建设。习近平生态文明思想为中国生态文明建设提供了根本遵循和行动指南，要实现生态建设的目标，就必须坚持党对生态文明建设的全面领导；必须加快形成绿色生产方式和生活方式；必须构建严密的生态环境法治体系，用最严格制度和最严密法治来治理生态问题、保护环境；必须坚持共谋全球生态文明建设治理，积极参与全球生态治理，共建清洁美丽世界，实现全球可持续发展。

首先，坚持党对生态文明建设的全面领导。生态文明建设是"五位一体"总体布局的重要内容和协调推进"四个全面"战略布局的重要内容，是践行党的根本奋斗宗旨的集中体现，习近平总书记指出："生态环境是关系党的使命宗旨的重大政治问题，也是关系民生的重大社会问题"①，坚持党对生态文明建设的全面领导是中国生态文明建设的根本政治保证，党的全面领导具有把方向、定大局的重大作用。生态文明建设关系到社会主义现代化建设目标的实现、中华民族伟大复兴和人民的民生福祉，在推进生态文明建设的实践中，必须不断提高各级党组织、党员干部的政治判断力、政治领悟力、政治执行力，做好生态环境的保护和修复，树立正确政绩观和生态价值观，科学、全面地做好生态文明建设的谋篇布局，以绿色高质量发展为目标，坚持绿水青山就是金山银山的绿色发展观，引导人民群众大力转变生产方式、生活方式和生活观念，走生产发展、生活富裕、生态良好的绿色高质量发展道路，促进绿色低碳循环发展；坚持良好生态环境是最普惠的民生福祉的生态价值观，努力构建更加丰富、高质量的生态产品满足人民群众对优美生态环境的需求；党的各级组织和党员干部必须担负起生态文明建设的政治责任，坚决做到"两个维护"，全面贯彻落实党中央关于生态文明建设的决策部署，严格实行党政同责、一岗双责，确保党中央关于生态文明建设的各项决策部署得到落实、产生实效，推动经济社会和生态环境协调发展，促进人与自然和谐共生。

其次，加快形成绿色生产方式和生活方式，构建资源节约、环境友好的绿色发展体系，实现绿富共赢。生态文明建设关键在于转变生产方式、生活方式，形成绿色、低碳、循环的生态经济体系和节约、环保、绿色、

---

① 《习近平谈治国理政》（第三卷），第 359 页。

低碳的生活方式，生产方式、生活方式二者相互作用、相互促进，影响着经济社会可持续发展和清洁美丽的生态环境构建。因此，一方面，要构建资源节约、环境友好的生态经济体系，我们必须下大力气调整产业结构，淘汰污染严重的、能源资源耗费高的、产能低下的落后产业，提质升级产业体系，抑制新的生态环境污染源产生，保证经济社会走生产发展、生活富裕、生态良好的发展道路；另一方面，要优化产业布局、产业发展的空间格局，大力建设资源节约、环境友好的绿色发展体系，从源头上遏制生态环境恶化的趋势，实现经济社会的可持续发展。

　　为此，一是要建立健全资源消费的刚性约束制度、机制，促进资源能源的集约化利用。要通过制度、法律、政策等建设，加强对能源资源消费总量的管理和科学配置，规范、约束和引导产业向绿色发展转型，为产业的绿色发展提供高效的政策、制度保障，促进资源能源节约、高效的利用和经济社会的绿色发展；二是要对产业结构、产业布局进行整体设计、科学规划、统筹安排，构建科学合理的城镇化建设格局、农业发展格局、生态安全格局、绿色产业格局等，使经济社会发展与生态环境保护相协调、经济社会效益与自然生态效益相统一。在产业布局和规划上，要做到因地制宜、扬长避短，注重资源环境的承载力和生态环境的保护，产业的各部类、各要素、各链条在空间分布态势和地域组合上要兼顾生态效益和可持续发展目标，各产业、各种资源、各生产要素在空间地域分布上既要有利于地区优势的发挥和资源要素的流动、配置，又要有利于生态环境的保护和产业的绿色循环发展，使产业发展速度、质量与生态效益相统一；三是要积极推动构建资源节约、环境友好的绿色发展体系，实施可持续发展战略，要通过科技创新，大力发展科技附加值高、生态环保的现代产业，如立体农业、复合型农业、智慧农业等现代农业；大力发展清洁环保、低碳循环、科技含量高的现代高新技术产业，休闲旅游文创为代表的现代服务业等，努力打造一批拥有自主知识产权的优势产业，促进形成绿色、低碳、循环的现代产业链、现代经济体系，提高国民经济的质量。

同时，要转变生活方式，以节约、绿色、低碳、环保的生活方式倒逼生产方式的转变，形成绿色、低碳、循环的生产方式与节约、绿色、低碳、环保的生活方式互动，促进资源节约、环境友好的生态经济体系形成。要通过宣传、教育、引导等方式，帮助人们认识到生态环境保护的重要性；要通过制度和法治的建设，规范和约束人们的行为；要通过生活环境的建设、生活条件的优化等，构建优美的生态环境、生活环境，涵养人们生态文明意识，促使人们形成节约、绿色、低碳、环保的消费方式和生活习惯，由此产生更高层次、更文明的消费需求，倒逼生产方式的转变，走生产发展、生活富裕、生态良好的绿色发展道路，形成资源节约、环境友好的现代产业体系，推动经济社会的可持续发展和良好的生态环境形成。

再次，要加大环境污染治理和生态系统、生态环境保护力度，促进生态系统的良性循环和环境风险的有效防控，构建生态安全体系。良好的生态环境是经济社会持续健康发展的根基和条件，关系到人民福祉和社会的稳定。党的十八大以来，中国加大生态环境污染治理力度，不断推进构建生态安全体系，防范各种环境风险，生态环境保护成效显著，生态环境持续好转，但中国的生态系统依然脆弱，生态环境问题还未根治，经济社会与自然环境协调发展、人与自然和谐共生的局面还未完全形成，还需要在环境污染治理方面持续发力，不断加强生态系统、生态环境的保护和建设。一是加大环境污染治理的力度，着力解决危及人民群众生产生活、损害人民群众健康的突出环境问题，特别是重点抓好水资源污染、大气污染、土壤污染的综合治理。二是统筹山水林田湖草沙系统的综合治理，全过程、全地域、全方位地进行综合治理、系统治理、源头治理，加强耕地、森林、湿地、草场、冰川等的保护和修复，提高生态系统的自我修复能力和稳定性，保障生态系统安全。三是积极参与全球生态治理，为推动全球生态文明贡献中国智慧、中国方案。全球生态文明建设关乎全人类未来，我们应本着"公平、共同但有区别的责任和各自能力原则"，积极参与全球生态环境治理，共同推动世界生态环境保护和可持续发展，不断增强中国在全球生态治理体系中的话语权和影响力，与世界各国共筑绿色家园。与此同时，我们应重点落实中国所作出的"碳达峰、碳中和"的庄严承诺，体现中国在参与构建地球生命共同体中的大国担当，共同筑牢全球生态环境保护的基础，共创一个清洁美丽的世界。

第四，要健全和完善生态文明制度体系，用最严格制度、最严密法治来实现管权治吏、增绿护蓝的目的。要构建良好的自然生态环境，不能单靠人们的自觉意识，还需要不断健全和完善生态文明制度体系，全面推动生态治理体系和治理能力的现代化。党的十八大以来，中国坚持最严格制度、最严密法治保护生态环境的方针，在生态文明制度建设上持续发力，取得了可喜的成绩。党和国家相继颁布了数十部涉及生态文明建设的改革方案和政策法规，如《关于加快推进生态文明建设的意见》《生态文明体制改革总体方案》《关于构建现代环境治理体系的指导意见》《建立国家公园体制总体方案》《生态环境损害赔偿制度改革方案》《生态文明建设目标评价考核办法》《关于全面推行河长制的意见》《关于在湖泊实施湖长制的指导意见》等，以及《党政领导干部生态环境损害责任追究办法（试行）》《中央生态环境保护督察工作规定》等多部党内法规，已经日益形成了一套行之有效的生态文明制度体系，有效地推动了中国生态环境立法的跨越式发展。

但是，这离我们形成一套完善的生态文明制度体系、实现生态治理体系和治理能力现代化的目标还有差距，还需要我们在生态制度构建上持续发力。一方面，要继续健全和完善生态文明制度体系，筑牢生态安全制度屏障，做到有法可依、有法必依、执法必严、违法必究。为此，一是要加强国土空间开发、资源节约、生态环境保护的体制机制建设，建立、健全符合生态环境保护和修复要求的目标体系、考核办法、奖惩机制，完善经济社会发展的评价体系，将资源能源耗费、环境损害、生态效益纳入到治理评价体系之中。二是加强对土地、矿产、水等自然资源和生态环境保护制度建设，构建最严格的制度以保护耕地、水资源、大气等关系到老百姓生存发展根本的自然资源和生态环境。三是建立、完善自然资源有偿使用制度、生态补偿制度、排污权审批和交易制度等，健全生态环境保护责任追究制度和环境损害赔偿制度等，构建严密的生态文明制度体系，扎牢制度的笼子，实现制度管权治吏、增绿护蓝的目的。四是健全完善生态环境监督制度机制，充分发挥群众监督、社会监督、新闻媒体监督等作用，形成全方位、多渠道的生态环境监督体系，监督、保护自然生态环境。另一方面，全面推动生态治理体系和治理能力现代化，实现生态治理的目标。一是全面加强政府生态治理能力建设，提升政府的生态治理水平，依靠严密的制度体系、高超的治理能力、科学规范的治理艺术，治理环境污染问题，推进生态文明建设。二是建立一套科学、立体的生态环境治理机制或体系，形成由党政领导、群众主体、社会参与的生态治理格局，全方位、全过程、全领域地加强生态环境的保护和修复，促进形成生产空间集约高效、生活空间宜居适度、生态空间山清水秀的局面，促进人与自然和谐发展。

第五，生态文明建设应坚持把"建设美丽中国转化为全体人民自觉行动"，转变人们的生产生活观念，引导人民共同参与生态环境的保护和建设。坚持把建设美丽中国转化为全体人民自觉行动。生态文明是人民群众共同参与共同建设共同享有的事业。每个人都是生态环境的保护者、建设者、受益者，没有哪个人是旁观者、局外人。必须建立健全以生态价值观念为准则的生态文化体系，牢固树立社会主义生态文明观，倡导简约适度、绿色低碳的生活方式，坚决制止餐桌上的浪费，实行垃圾分类。加强生态文明宣传教育，把建设美丽中国转化为每一个人的自觉行动。

要通过宣传、教育等渠道，涵养生态文明道德品质，使之转化为人们生产生活的自觉行为。思想是行动的先导，认识是行动的动力，要使人们形成正确对待自然、合理开发利用自然的生产生活方式，就应该利用各种传播媒介、宣传教育平台或渠道，特别是利用鲜活、便捷、贴近群众的现代传播媒介，如互联网、移动互联网相关的传播媒介，大力加强对广大人民群众的宣传、教育，涵养人们的生态文明道德素质，改变过去将人凌驾在自然之上、自视为"自然主人"的错误观念，摒弃只讲索取不讲投入、只讲发展不讲保护、只讲利用不讲修复的错误态度和行为，培养人们尊重自然、顺应自然、保护自然的生产生活观念和节约、绿色、低碳、环保的消费观念。同时，通过宣传、教育等渠道，使人们深刻认识到环境污染问题的严重性、生态文明建设的紧迫性和重要性，体悟自然生态环境建设与自身生存发展休戚相关，增强人们建设生态文明的责任感和主人翁精神，以自身的实际行动为增绿护蓝奉献力量。

第一节　长汀水土流失的成因

长汀县严重的水土流失问题是多方面因素综合作用的结果，是历史长期累积造成的。它的产生既有长汀当地脆弱的生态环境、特殊的地质和气候条件等自然因素，也有以土地私有制为基础的封建生产关系之下对林木的毁坏和长期战乱造成的山地抛荒等原因。但主要还是人为因素造成的，是人类的过度活动造成人与自然生态失衡、生态环境恶化的结果。长期以来，长汀当地过度开发、利用自然资源，导致森林植被破坏，人地矛盾加剧，水土流失问题愈演愈烈。归根结底，长汀水土流失问题是当地不正确的生产方式、生活方式和自然观念造成的。

一、历史上的过度索取

长汀地处闽赣交界，过去是经济比较繁荣的地方，素有"小上海"之称，利益之下自古以来就是兵家必争之地，特别是民国以来战乱频仍，因战争、林地资源所有权抢夺等因素对森林资源、生态环境破坏时有发生。汀州设郡以来发生内乱或战争时，火攻是常用策略，森林资源因此遭到破坏的现象也时常出现。《民国长汀县志》曾记载，1282 年，汀州发生叛乱，地方官府讨伐时曾"燃薪焚其栅""攻破其十五寨"[1]。也有学者指出，"太平军过境时，地方不法分子纵火烧山，低矮山丘的林木烧毁殆尽，致使大片茂密山林，逐步演化为灌草迹地"[2]"建国前连年战争，兵荒马乱，群众无

---

① 《中国地方志集成（民国长汀县志）》福建府县志辑，上海书店·巴蜀书店·江苏古籍出版社 2000 年版，第 376 页。

② 王其森、戴立丰：《长汀县河田水土流失区治理纪实》，中共龙岩市委党史研究室编：《闽西新时期农村的变革》，第 272 页。

意管理山林。加上 1934 年 10 月，中央主力红军北上，国民党军队边开公路、边筑碉堡，进攻苏区，到达河田后大肆砍伐林木充做'军资'，又一次使残存的山地植被遭破坏"①。另外，当地占有森林的地主和宗派势力为了争夺林地所有权，也发生过抢伐林木、破坏森林资源的事件。②据史料记载，1912—1916 年间，因宗族派系林权纠纷，长汀就曾发生两次大规模的互相抢伐林木事件。

长汀当地地主豪绅、反动政权等为了获取利益，大肆砍伐、破坏森林资源，生态环境持续遭到破坏，加剧水土流失。据《长汀县志》记载："'汀杉'以材质优良闻名海内外，在 1949 年前，有史可查的木材外销量，以民国二十六年（1937）最高。外运杉木 1,140 立方米，松木 1 万立方米，薪材 1 万立方米，主要行销广东潮汕一带。县境内木材初级市场和中心市场，有三洲、水口和城关等。"③古代，森林、良田等多被当地地主豪绅占有，纸、木一直以来是长汀当地主要的收入来源，地主豪绅们的贪婪对自然资源的破坏是巨大的。由于长期的砍伐和破坏，森林资源不断减少。据《民国长汀县志》记载，到民国时期，"唯一出品之纸木又皆一落千丈，物产日寡，生计日蹙矣"④。当时，战乱频仍，当地反动政府忙着争权夺利、"围剿"革命军队、镇压红色政权等，根本无暇顾及生态保护、水土流失治理等问题，当地民众也无心无力管理山林、保护自然生态、治理水土流失，当地的森林资源、生态环境进一步衰败。虽然中央苏区时期，闽西苏

---

① 王其森、戴立丰：《长汀县河田水土流失区治理纪实》，中共龙岩市委党史研究室编：《闽西新时期农村的变革》，第 272 页。

② 参见王其森、戴立丰：《长汀县河田水土流失区治理纪实》，中共龙岩市委党史研究室编：《闽西新时期农村的变革》，第 272 页。

③ 长汀县地方志编纂委员会编：《长汀县志》，生活·读书·新知三联书店 1993 年版，第 163 页。

④ 《中国地方志集成（民国长汀县志）》福建府县志辑，第 435 页。

维埃政府提出一系列植树造林和发展林业的政策，但是局部建立的红色政权存在的时间并不长，再加上常面临国民党政府的"围剿"，战事吃紧，这些政策几乎难以产生真正的效果。1934年10月，中央主力红军被迫长征后，长汀等红色区域重新被国民党政府占领，这些政策更不可能继续得到执行。同时，国民党政府、军队为了增加财政收入、筹集军费，大肆搜刮民脂民膏，当地的森林、土地等成为反动政府增加收入、获取军费的重要来源，长汀的森林资源一次又一次地被大肆砍伐，生态环境遭到进一步破坏。长此以往，长汀的生态环境越来越恶劣，水土流失问题越来越严重。

当地百姓为了生存发展，不断向自然伸手，造成了森林植被、生态环境的破坏，加剧人与自然的失衡。长汀等地是客家聚居地，历史上大量南迁汉民汇集在汀江沿线后，人口剧增，传统生产生活方式之下，居民自然而然要向自然伸手，除拓荒垦田、焚林整地、烧灰积肥、烧炭取暖等之外，还要大量砍伐林竹藤草以增加经济来源，生态环境在长期过度的利用下遭到破坏，出现"越穷越耕、越耕越穷"的现象。除了生产性用火造成的破坏之外，还有非生产性用火造成的伤害，如烧山驱兽、扫墓祭奠等引发的火灾，这些都造成了当地森林资源、生态环境的破坏。据《长汀县志》记载：自古以来，民众就有在山上烧火驱兽及烧灰积肥的习惯，稍有不慎就酿成山林火灾，使数以千亩、万亩的林木毁于一旦。[①] 新中国成立以后，虽然长汀党政机关重视山林火灾防治，但由于当地群众生产性与非生产性用火不慎，每年常有不同程度的山林火灾发生，破坏了当地的森林植被。自1950年到1987年，全县计发生火灾1,475起，烧山80.8万亩，烧毁林木4,510.49万株。其中生产性用火引起866起，占58.7%；非生产性用火引起

---

① 长汀县地方志编纂委员会编：《长汀县志》，第158页。

609 起，占 41.3%。1955 年山林火灾最为严重，仅 10 月到 11 月发生 165 起，烧山面积达 35.37 万亩，烧毁林木 192.47 万株。四都区从 1955 年 1 月至 1956 年 1 月共发生山林火灾 62 次，烧毁面积约 8.76 万亩，烧死烧伤大小树木 343 万余株。[①] 以上种种原因交织之下，导致长汀当地水土流失问题日益突出，生态环境日益恶劣。

二、自然地质条件恶劣

森林植被、生态环境被破坏后，水土流失、水旱自然灾害频繁，而自然灾害频发又加剧生态环境恶化，二者形成恶性循环。由于森林植被遭到破坏，森林蓄雨能力大大降低，每逢雨季，山洪暴发破堤决口，当地的自然生态条件加剧恶化。据考察，长汀境内的土壤主要以红壤为主，1985 年全县共有 371.06 万亩，占土地总面积 79.81%，2000 年全县共有 373.55 万亩，占土地总面积 80.35%，分布于海拔 800 米以下低山丘陵地带，由花岗岩、片麻岩、泥质岩、砂岩、板岩等成土母岩的风化物发育而成。[②] 其中，在河田的土壤结构中，主要的成土母岩绝大部分是粗晶花岗石，其组成以石英为主，钾长石次之，含少量黑云母，风化强烈，母岩中钾长石黑云母风化后，剩下难于风化的石英砂粒结构松散，含沙量大，抗蚀能力差，而且河田降雨量大，清朝末期以来山林就已经被破坏得很严重，地表植被覆盖率低，在雨水的冲刷下极易形成水土流失。1942 年，水保专家张木匋记述当时水土流失严重程度：四周山岭，树木很少看见，尽是一片红色，不闻虫声，不投栖息的飞鸟。[③] "总计河田全境，面积约十平方千米，十分之六为

---

① 长汀县地方志编纂委员会编：《长汀县志》，第 159 页。
② 《长汀水土保持志》编纂委员会编：《长汀水土保持志》，第 41 页。
③ 《长汀水土保持志》编纂委员会编：《长汀水土保持志》，第 54 页。

长汀县山地红壤区水土流失后的景象（图片来源：长汀县水土保持事业局）

长汀多数为山地红壤区，土壤类型为粗晶花岗岩，砂砾含量较高，土质疏松，保水能力差，故稍有雨水就较易出现水土流失。

丘陵，已全部被毁灭了；耕地约六七千市亩，六分之二化作荒地。"[1] 水土流失导致当地生态恶化，河田出现赤岭、朱岭等与水土流失相关的村名。[2]

长期以来，由于土壤表层失去植被的保护，表土被侵蚀殆尽，土壤异常"旱瘠"，露出粗砂粒风化层，山地养分含量极低。同时，大面积山地裸露在外面，地面热量辐射强烈，气温高，水分蒸发量大，从而形成局部区域独特的"小气候"，山地表面格外干燥、炎热。根据当时有关部门的测定，长汀地面温度变化的幅度大于气温变化，地面温度年均值20.5℃，比年均气温偏高2.2℃，地面极端最高温度一般出现于7—8月，裸地可达

---

① 《长汀水土保持志》编纂委员会编：《长汀水土保持志》，第254页。
② 《长汀水土保持志》编纂委员会编：《长汀水土保持志》，第54页。

60℃—70℃；地面极端最低温度一般在 –7℃—–5℃。[1]2000 年，水土流失区中心地带的河田，山坡地表温度高达 68.2℃，无植被的裸地地温比有植被的地温高 7℃—8℃，平均气温也比相邻地区的城关高出 0.9℃—1.0℃。[2]由于地表土长期受到风化、侵蚀，土壤有机质含量低，植物生长所需的矿物质含量也极低，土壤贫瘠。1984 年 8 月 17 日，河田镇抽样土化分析，平均有机质含量仅为 0.15%；2000 年，河田游坊村测定，坡地有机质 0.97 克 / 千克，含氮 0.93 克 / 千克，含磷 0.1 克 / 千克，含钾 2.04 克 / 千克。[3]20 世纪 90 年代，长汀县 93 个侵蚀土壤土样的化验结果显示，无明显侵蚀土壤有机质平均含量为 23.4 克 / 千克，而侵蚀土壤有机质含量为 11.2 克 / 千克，坡耕地、疏林地和无林地有机质的平均含量都不到 10 克 / 千克。[4]由于土壤异常"旱瘠"，植物难于生长，一般轻度流失山地，地表植物主要为马尾松和草类，盖度只达到 20%—40%；重度流失山地只有稀疏且矮小的马尾松及耐瘠的野古草、岗松等草类或灌木类植物，盖度仅为 10%—20%；而在强度流失山地，马尾松生长条件极差，生长极为缓慢，年高生长量仅为 5—28 厘米，被当地人称为小老头松，十几年才长高 1 米左右，盖度只有 5%。这样恶劣的自然地质条件和当地的水土流失问题相互影响、相互作用，日积月累使得长汀成为全国水土流失最严重的区域之一。

三、不恰当的发展观、生态观

长汀水土流失问题的产生与当地百姓的生产生活方式也密不可分。随着当地人口的增长，人们对生产生活资料的需求也不断增加。出于生存需

---

[1] 《长汀水土保持志》编纂委员会编：《长汀水土保持志》，第 35 页。
[2] 《长汀水土保持志》编纂委员会编：《长汀水土保持志》，第 72—73 页。
[3] 《长汀水土保持志》编纂委员会编：《长汀水土保持志》，第 72 页。
[4] 《长汀水土保持志》编纂委员会编：《长汀水土保持志》，第 72 页。

长汀县遭水土流失破坏后的历史景象（图片来源：长汀县水土保持事业局）

地上河：河床海拔高度高于流经地区的两岸地面海拔高度的河流流段被称为地上河，又称悬河。由于水往低处流，地上河水流方向全靠两岸人工修建的河堤约束。图为河田的地上河，由于水土流失使河床抬高，导致河比田高。雨水稍微多一点，河水即冲破堤坝淹没农田。而且河水携带大量从山上冲刷下来的泥土，泥土质量较为贫瘠，对田地伤害巨大，当地农民苦不堪言。

求，当地人民自然而然延续了长期形成的传统生产生活方式，如"毁林开荒""垦田种粮""烧灰积肥""砍柴割草""伐木增收"等，直接向自然伸手索取生产生活资料，导致自然生态的负担越来越大，已严重超过其自身可承受的度，使原本已经很脆弱的自然生态条件受到进一步破坏，水土流失问题愈加严重。1963年，卢程隆等人在河田上、中、下街等七个大队对粮食作物耕种面积占其经营土地41.4%的农户展开调查，调查发现这些农户的肥料来源主要靠铲草皮、烧山土灰等传统方法获得，他们每年需在山坡上铲、烧面积约800—1,000亩。另外，长汀因矿山基建等也造成了相当程度的水土流失问题，虽然不很严重，但分布广、处点多、危害大。管仲《管子·立政》中言："草木不植成，国之贫也……草木植成，国之富也。"贫穷是推动当地百姓加剧这种生产方式的重要原因，在当地百姓看来，改变贫穷最主要的办法就是多开荒、多垦田、多种粮、多采伐林木……一切都是向自然直接伸手，这是传统生产生活方式最自然的惯性延伸。但是，在这种方式之下，自然生态负担越来越大，生态条件越来越恶劣，水土流失也越来越严重，最后只能陷入越垦殖越贫穷、越贫穷越垦殖的恶性循环之中。

长汀水土流失问题与当地不科学的发展方式密切关联。新中国成立以后，虽然当地也积极采取措施治理水土流失问题，但很快由于特殊的政治环境，长汀生态环境治理工作被打断，破坏森林资源的现象继续出现。例如，在 1958 年"大跃进"运动中，当地大量砍伐林木烧炭炼钢铁，据不完全统计，全县被砍伐的木材在 200 万立方米以上[1]，致使当地森林资源遭到严重破坏；1958 年底长汀全县水土流失面积为 66.12 万亩，1966 年长汀全县水土流失面积增至 71.82 万亩，比 1958 年增加 5.7 万亩，约占当年流失总面积的 7.9%[2]；"文革"期间，当地党政机关受到冲击，无法集中精力治理水土流失问题，也无法对林木资源进行有效监管，群众乱砍滥伐现象时有发生，水土流失加剧。据统计，这一时期新增水土流失面积达 19.9146 万亩，占流失总面积的 18.16%[3]；1964—1978 年，当地响应中央号召，开展"农业学大寨"，掀起向山要粮、开山造田的运动，导致了不少乱垦滥种的现象，对森林资源、生态环境造成破坏，水土流失问题愈加严重。据统计，1962—1972 年，长汀全县每年消耗林木蓄积量达 35.7 万立方米，而年生长量仅为 15.5 万立方米，年净消耗 20.2 万立方米[4]，是年生长量的一倍多。1973—1980 年，全县每年林木采伐量为 39.9 万立方米，生长量为 26 万立方米，年净消耗量为 13.9 万立方米[5]，二者的比例严重失调，加剧了水土流

① 长汀县地方志编纂委员会编：《长汀县志》，第 158 页。
② 《长汀水土保持志》编纂委员会编：《长汀水土保持志》，第 56 页。
③ 王其森、戴立丰：《长汀县河田水土流失区治理纪实》，中共龙岩市委党史研究室编：《闽西新时期农村的变革》，第 275—276 页。
④ 长汀县地方志编纂委员会编：《长汀县志》，第 144 页。
⑤ 长汀县地方志编纂委员会编：《长汀县志》，第 144 页。

失问题。20 世纪 80 年代初，水土流失面积新增 12.82 万亩[1]，主要原因在于中央出台了新的山林政策、林权政策，在新旧政策的交叉阶段，群众对林业政策产生误解，有不少人趁机大量砍伐林木，也造成了林木资源的损失。

第二节　长汀经验　新思想推动新实践

从"火焰山"到"花果山"，从"水土流失严重地区"到"水土治理典范"，从"山光、水浊、田瘦"到"山肥、水美、田丰"，长汀已然改天换地。长汀老区人民以习近平生态文明思想为指导，在上级党委、政府的领导下，牢记习近平总书记"进则全胜，不进则退"的重托，持之以恒、再接再厉，以"再干八年，解决长汀水土流失问题"[2]的决心治理水土流失问题，迎来了水土流失治理的决定性胜利，走出一条水土流失治理促进经济发展、经济发展支撑生态保护的生态文明建设道路。长汀生态文明建设的成功经验是习近平生态文明思想在生态文明建设实践上的生动展现。

一、绿梦成真　着力推动生态建设

长汀县结合当地的自然生态条件和水土流失状况，重视加强项目管理和前期工作。在各种项目和工程的实施过程中，不但成立水土流失治理项目工程的领导小组，而且重视对工程和项目的实施，抓好质量监督。水土流失治理工作形成了党政领导、群众主体、专家论证、主管部门监管与检查验收的完整决策、实施与监督机制。以严格的管理、定期的督查、群众的监督等制度机制最终促就了长汀荒山上的绿梦成真。水土流失治理成果也有力地促进了长汀县当地的生产发展和人民群众收入的提高。

---

[1]　《长汀水土保持志》编纂委员会编：《长汀水土保持志》，第 56 页。
[2]　中央党校采访实录编辑室：《习近平在福建》（下），第 156 页。

长汀县庵杰乡涵前美丽乡村建设（图片来源：长汀县水土保持事业局）

　　不仅如此，荒山的改变最直接影响的是当地乡村的生产生活环境。经验表明，荒山改造、造林植草既有利于绿化环境、优化生态，又有利于增加当地人民收入、提高人民生活水平，是一个兼顾经济社会效益和自然生态效益的有效办法。长汀水土流失治理不但绿化了荒山，而且让当地百姓

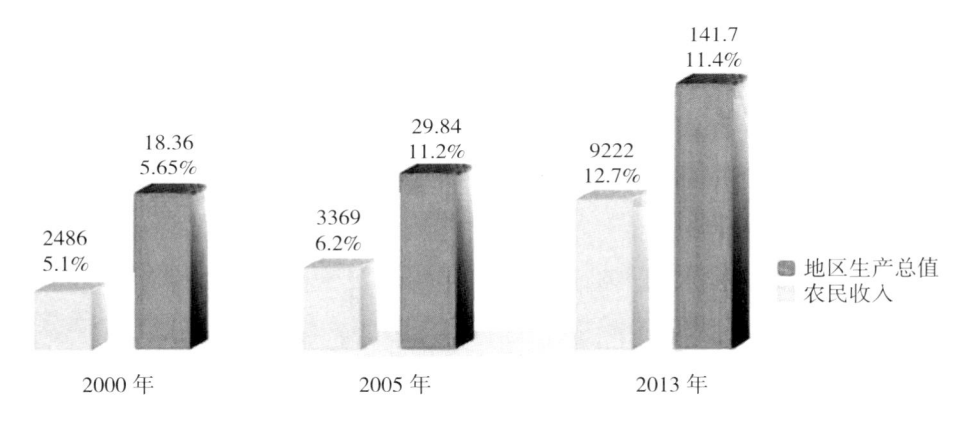

2000—2013 年长汀县地区生产总值（亿元）、年增长率（%）
2000—2013 年长汀县农民收入（元）、年增长率（%）

水土保持促进了长汀经济发展和农民增收

2000—2013 年长汀县地区生产总值、年增长率与农民收入和农民收入年增长率
（图片来源：长汀县水土保持事业局）

长汀县策武镇南坑村生态养殖与新农村建设（图片来源：长汀县水土保持事业局）

策武镇南坑村，由于生活贫困曾被称为"难坑"，如今成为著名的"银杏村""生态养殖基地村""新农村建设示范村"，共开发种植银杏5,000多亩10多万株。另有油柰、桃树等果园3,000多亩，生态体验园200亩，休闲渔业120亩。目前已引进外资5亿元发展农业旅游。

的收入增加了、生活好起来了。长汀水土流失治理是为了改变日益脆弱的生态环境，构建有利于生产发展、生活富裕的良好自然条件和基础，它是生态文明的起步，也是生态文明建设的一部分，它要通往的方向是"山美水美环境美，吃美住美生活美，穿美话美心灵美"的美丽乡村，这不仅是长汀县委、县政府的建设目标，更是当地百姓新的生活愿景。

长汀水土流失治理和生态文明建设不但改善了当地的自然生态环境，而且还实践出一条水土流失治理与绿色发展相结合的新道路，一方面它绿化了荒山、优化了生态，为经济社会发展构建了坚实的条件和基础，特别是通过发展绿色农业、生态产业，既绿化了植被，又增加了农民的收入；另一方面它又为产业发展提供了新方向，当地可以依托优美的生态环境，发展文创旅游产业、绿色产业等，由此拓展产业发展的空间。由此可见，长汀水土流失治理和生态文明建设为乡村振兴探索出了一条新的发展道路。

二、因地制宜　将生态效益与经济效益相结合

经济效益是生产和再生产过程中所产生的符合社会需要的劳动成果超出劳动占用和劳动消耗量的那部分收益；而生态效益是指人类在劳动过程中对自然生物系统的平衡施加影响，从而使自然生态系统对人类的生产生活条件和环境条件产生有益影响和有利效果。生态效益大小与人类活动对自然生态系统造成的影响密切相关，要实现良好的生态效益就要保持生态平衡，促进生态系统的良性、高效循环。在传统的社会发展方式中，经济效益与生态效益被认为是相互矛盾和相互冲突的，在处理经济发展和自然生态关系上，片面地追求经济效益，常常会以牺牲自然生态环境来实现经济社会发展，最终带来的是人与自然关系的失衡，反过来会影响经济社会

长汀县策武镇美丽乡村建设一角（图片来源：长汀县水土保持事业局）

　　图为长汀策武镇美丽乡村建设一角。山清水秀的美丽乡村，加上质朴的村俗民风，成为发展乡村旅游的优质条件。生态效益为当地居民带来的经济收入节节攀升，有力地推动了当地经济的发展。

效益。

　　事实上，经济效益和生态效益既矛盾又统一，关键在于人们如何对待处理这两个方面的问题。一方面，我们要认识到，良好的自然生态环境是追求经济效益、实现经济社会发展的根基和条件，因为自然资源为经济社会发展提供了必要的生产生活资料，是创造经济效益的物质前提。同时，良好的生态环境为经济社会发展创造了更有利的生态空间，失去这一条件和空间，经济社会的发展和经济效益的提高也就失去了依托。此外，优美的生态环境与丰富的物质文化产品一道共同构成了人的根本利益需求，是人自由全面发展的根本前提，我们追求经济效益是为了促进人的自由全面发展，而建设优美的生态环境、创造良好的生态效益同样是为了更好地促

正在建设中的河田镇露湖生态文明新村

河田镇露湖村"市级三农综合示范点"总体鸟瞰图

长汀县河田镇露湖生态文明新村规划图与新貌（图片来源：长汀县水土保持事业局）

进人的自由全面发展，二者统一在人的根本利益和根本价值追求之中。另一方面，有了更好的经济发展水平、更大的科技进步、更好的经济效益，我们就拥有更坚实的物质基础保护生态环境、提高人的素质、促进社会文明进步，从而更能构建出优美的生态环境，推动实现更大的生态效益，二者是相辅相成、相互促进的。

长汀当地因地制宜，逐步实践出经济效益和生态效益相结合的水土流失治理之路，实现了绿富共赢。长汀当地独特的地质条件和百姓传统的农业生产生活方式等造成当地严重的水土流失。为了治理当地的水土流失，长汀当地在党的领导下，结合当地的自然地质条件，因地制宜、标本兼治、多措并举，既创造性地运用了充满当地劳动人民智慧的方法，如土谷坊、石谷坊、拦砂坝等，拦截、治理水土流失，又特别注重将经济效益和生态效益结合。长汀当地在治理过程中已经深刻地认识到单纯从标上出发，以疏导、拦截等方法无法达到根治水土流失的目的。新中国成立后，长汀当地就强调从本上下功夫，标本兼治，注重植树造林、保护植被，虽然其间也曾因一些政治因素治理被打断过，但总体上一直坚持这一方针。改革开放后，尤其是党的十八大以来，长汀当地越发注重经济效益和生态效益相结合的原则，充分发挥当地人民的主体力量，长效地治理水土流失问题。他们创造性地提出和运用了一系列科学治理的措施，如"上截、下堵、中间削、内外绿化"的崩岗治理方法、草灌乔混交、低效林改造等，持续绿化植被、优化地表生态环境。与此同时，长汀当地还不断创新制度机制，引导和激励当地百姓植树造林、种植果树、发展绿色循环经济和生态产业，以此来提高人民的收入、推动当地经济发展，又通过增加当地人民的收入、改善当地人民的生活水平、优化当地百姓生活质量的方式进一步激发当地群众绿化环境、治理水土以及保护生态的积极性、主动性和创造性，使水土流失治理、生态环境建设与推动经济社会发展相互促进、相辅相成，实现了经济效益和生态效益的统一。

三、多措并举　提升民众生态意识

长汀当地不断健全生态治理和生态文明制度机制，提升水土流失治理能力和治理水平。党的十八大以来，为了形成全方位、全地域、全过程的科学治理、系统治理、综合治理的局面，全面提升水土流失和生态环境建设的治理能力和治理水平。在实践中，长汀当地以水土流失治理作为生态文明建设的重点，全面加强水土流失治理和生态环境的制度建设，相继出台一系列保护森林植被、防范水土流失的政策规定和制度法规以及激励当地百姓共同治理水土流失问题的制度机制，形成了日益完整的制度体系，各项制度相互配合，产生共振效应，成为约束和规范当地百姓爱护环境、保护生态的行为准则，引导和激励当地民众自觉融入生态文明建设的进程中，形成了新时代长汀水土流失规模治理的新局面。与此同时，长汀当地还加强水土流失和生态文明建设的治理机制建设，提升水土流失和生态文明建设的治理能力和水平，探索实践出一套富有地方特色、行之有效的治理机制，如水土流失治理的"双组长"制、"三级书记"等，形成了党政领导、群众主体、社会参与的治理体系和治理机制，有力地推动长汀水土流失治理工作的发展，长汀水土流失治理也由此进入全面性规模治理的新阶段，长汀水土流失治理和生态环境状况也发生了巨大变化，取得突破性进展，为迈向新时代全面建设"美丽长汀"奠定了坚实的基础。

同时，长汀当地还不断提升民众的生态文明意识，促使水土流失治理和生态文明建设成为当地民众的自觉行动。理念是行动的先导，有什么样的理念，就有什么样的行动。长期以来，生态环境被认为是经济社会发展免费的公共物品，人们为了追求经济发展、获取利益，习惯于任意消费自然环境和消耗自然资源，甚至为了追求经济效益，不惜耗费大量资源能源，而不考虑生产效益和生态效益。在这种发展方式的主导下，生态环境无疑承受着极大的压力，最终导致经济社会的可持续发展难以维系。长汀当地

长汀水土流失治理和生态产业化（图片来源：长汀县水土保持事业局）

　　水土流失治理过程异常艰苦，但是却能够切实为农民带来利益。图为在林业部门的示范带动下，水土流失区三洲镇发动群众种植杨梅达12,600亩，2013年产值近7,000万元。该镇还依托杨梅基地和古民居群举办"杨梅节"，发展乡村旅游。

党委、政府在推进水土流失治理及推动经济社会发展的过程中，通过宣传教育、制度约束等方式，不断促进人民群众转变思想认识，促使其认识到水土保持和生态环境保护的重要性，树立绿色发展理念，走绿色发展、低碳发展、循环发展道路。在当地党委、政府的引领下，长汀当地积极转变发展思路、生产方式、生活方式，把绿色发展、循环发展、低碳发展摆在重要位置，用科学理念引领发展，一步一个脚印地治理水土流失，推动生态文明建设，才换来今天美丽的长汀，才能使长汀成为全国生态文明建设的典范。

普及生态意识，促使当地百姓转变生产生活方式尤为重要。长汀水土流失的产生与当地人民长期形成的传统思维观念、生产生活方式密切关联，要治理当地的水土流失问题、彻底转变长汀当地的生态状况，不仅仅需要相关法律法规的保障、科学的治理，更需要转变当地人民的生产生活方式、思维观念。长汀当地在治理水土流失过程中深刻地认识到这一点，把生态知识的普及、生态意识的培养和提高摆在重要位置，经

长汀县古城镇梁坑生态村新貌（图片来源：长汀县水土保持事业局）

过长期不断地引导、宣传、教育，生态文明观念越来越深入人心，长汀人民的生产生活方式也发生了转变，如当地人民积极参与家庭厕所的改造、改变了向河流倾倒垃圾的习惯、开始进行垃圾集中分类处理等，有力地促进了当地生态环境的改善。

1997年被推选为村支部书记的沈腾香，不仅大刀阔斧地带领全村农民进行水土流失的治理，而且在不断总结前期治理荒山工作经验的基础上进行农村落后生活、生产方式的现代化改革。既然是改革就要对旧习惯进行革新，自然是不易之举。沈腾香清晰地记得这样的一幕：有一回，她正在走过村前，看到一位近80岁的老人，端着一堆垃圾，"哗"的一声，旁若无人般地倒到河畔。她把老人喊住了，拿过老人手中装垃圾的工具，自己跳到河边，把老人倾倒的垃圾一点一点地捡起来，叫老人端回去，倒到沼气池里。她没有太多地批评这位年迈的老人，只是用自己的行动告诉他，把垃圾倒进河里是错误的。老人羞愧了，口头保证以后再也不会这样做了。在她的提议下，村里专门设置了两个卫生巡查员，每人每月500元工资，

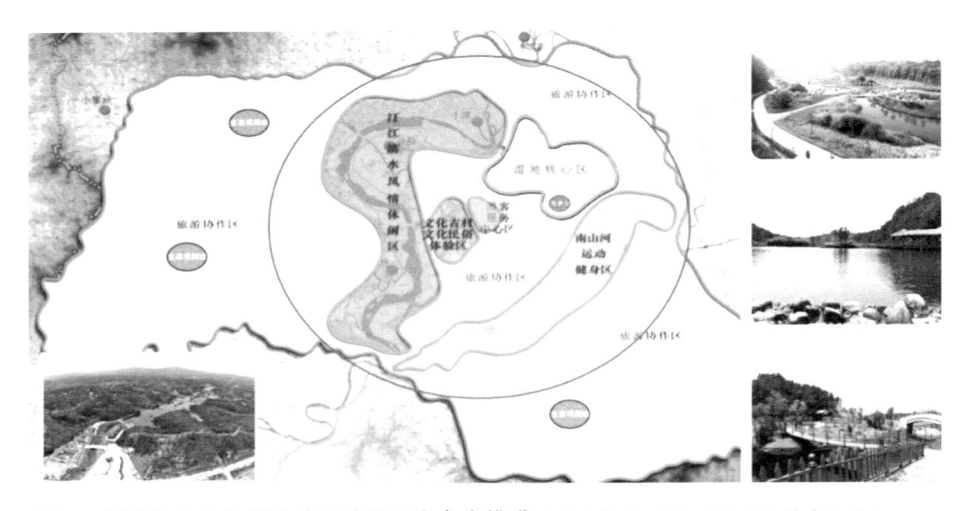

长汀三洲镇的生态文明示范区建设正在有序推进（图片来源：长汀县水土保持事业局）

实行岗位责任制。现在，走进南坑村，绿树如织，山清水秀，空气清新，看不到垃圾，一个整洁的新农村就是这样诞生的。

长汀水土流失治理的决定性胜利和生态环境的根本好转是由一个个小的治理成就汇聚而成的，是多措并举促成的成果，也是多方面、各领域发力的结果。长汀当地为了促进当地民众转变传统的生产生活方式、形成生态文明意识，一是不断健全制度机制建设、完善法律法规，以制度法规来约束引导当地百姓的生产生活行为，促进其逐渐形成正确的自然观、发展观、生活习惯，培育当地百姓的生态意识。二是利用各种宣传途径和宣传手段，如利用各级地方政府机构或相关机构设置的宣传栏、地方电视台等宣传渠道，进行政策宣传和生态知识普及教育。三是创造性地利用当地的

　　2011年12月23日，中央联合调研组在长汀县召开水土保持工作座谈会，总结经验并探讨下一步工作计划（图片来源：长汀县水土保持事业局）

　　长汀生态文明建设离不开党和国家的关注和支持。在习近平的殷切嘱托和多次批示之后，国家有关部门、单位也迅速贯彻落实习近平重要批示精神：国家发改委、财政部、水利部、原国土资源部、原环境保护部、原国家林业局、原国务院扶贫办以及中国石油集团公司陆续出台支持长汀水土流失治理的政策和措施。福建省委、省政府也及时出台支持长汀水土流失治理的政策和措施。

圩日、民俗节日等，以当地百姓喜闻乐见的形式进行生态知识的宣传普及，如利用圩日举办的贴近老百姓生活的文娱活动或利用春节期间当地举办的各类民俗活动，有意识地将治理水土流失的要求和生态文明建设所倡导的自然观、价值观、生活观念等融入民俗活动中，潜移默化地转变人们的思想认识、思维方式，促进当地百姓放弃传统不合理的生产生活方式，形成生态文明意识。

健全生态评价机制，激励党员群众共建美丽长汀。长汀当地为了调动党员群众、社会各界、基层组织力量，形成水土流失治理和生态文明建设

项目名称	主 要 目 标 任 务 和 措 施
总体目标	实施一批生态建设和环境保护重大工程，建立健全生态文明体制机制，对全县39.6万亩水土流失区域进行全面治理，对106.6万亩已治理水土流失区进行巩固提升。力争到2020年水土流失率控制在5%—6%，打造全国生态文明先行范区。
水保工程	2016—2020年，强化和巩固提升治理水土流失面积35.5万亩，建设一批小型水利水保设施，完成投资5.5亿元。
水利工程	落实水资源管理制度，明确"河长"责任制，划定水资源管理红线，制定水资源管理责任目标考核制度，推进重大水利、给排水、防洪系列水生态建设工程建设，完成投资6亿元。
林业工程	深化集体林权制度改革，完善林权管理。大力发展以林药、林果、林茶、林禽、林蜂、林花、林下产品采集加工、林下生态旅游为主要内容的林下经济。强化和巩固提升治理水土流失面积15.5万亩，完成投资4亿元。到2020年，森林覆盖率继续保持全省、全市前列，达到79.8%以上。
农村环境整治工程	继续实施流域水环境综合整治、新农村家园清洁行动、"创绿色家园、建富裕新村"活动，积极引导农民采取生态安全的种养模式。因地制宜推广各种生态型、环保型种养殖模式，最大程度降低污染物对环境的破坏。至2020年，农村环境综合整治达到100%。
扶贫开发工程	强化资金扶持、项目实施、人才培养、扶贫挂钩等工作措施，继续实施易地扶贫搬迁、整村推进等项目工程，着力提升农村贫困人口义务教育、基本医疗和住房安全保障水平，打造闽粤赣边界地区和全国革命老区集中连片生态扶贫开发的示范区。确保到2018年完成国家贫困标准的人口脱贫，2020年完成省级贫困线标准的人口脱贫，与全省同步实现小康目标。
土地整理工程	在有关乡镇实施耕地开发10,000亩，每年实施2,000亩。
矿山整治工程	大力整顿矿业生产，加强采石、稀土等矿区水土流失治理，巩固提升河田稀土矿区治理成果。

长汀县 2016—2020 年水土流失治理和生态县建设目标任务表（来源：长汀县水土保持事业局）

长汀在治理水土流失工作取得一定成效后，更加重视全方位的生态文明建设。该表为长汀县2016—2020 年水土流失治理和生态县建设目标任务表，从多方面进行了目标规划和任务制定。

的合力，不断建立和完善生态评价指标，将生态指标纳入评优评先体系中，以此来激发基层党组织和党员的进取心和荣誉感，如将生态指标纳入政府职能部门年度考核的内容、将生态指标作为党建工作考核的主要内容和各项评优评先的重要参考依据等。与此同时，长汀当地在建设生态文明的过程中，还将生态文明建设相关内容作为美丽乡村建设、五好家庭建设等重要的考核指标，以此激励各村和各基层组织的党员群众积极参与水土流失治理和生态文明建设，使生态文明建设成为广大党员群众的自觉行为，助力实现美丽长汀的建设目标。

第三节　长汀经验　新思想造就新成就

2011 年 12 月 10 日，时任中共中央政治局常委、国家副主席的习近平对《人民日报》有关长汀水土流失治理的报道作出重要批示，要求中央政策研究室牵头组成联合调研组深入长汀实地调研。2012 年 1 月 8 日，习近平在中央调研组报送的《关于支持福建长汀推进水土流失治理工作的意见和建议》上作出重要批示，指出"长汀县水土流失治理正处在一个十分重要的节点上，进则全胜，不进则退，应进一步加大支持力度。要总结长汀经验，推动全国水土流失治理工作"①。党的十八大以来，长汀水土流失问题进入关键性治理阶段。长汀当地在习近平新时代中国特色社会主义思想的指引下，牢记习近平的嘱托，认真贯彻习近平生态文明思想，持续发力，全方位、全地域、全过程治理水土流失问题，践行绿水青山就是金山银山理念，转变生产方式、生活方式，推进生态环境的保护和建设，取得了水土流失治理的决定性胜利，实现了从"浊水荒山"到"绿水青山"再到"金山银山"的历史性转变，开启了建设"美丽长汀"

---

① 中央党校采访实录编辑室：《习近平在福建》（下），第 158 页。

的新征程，为老区振兴发展奠定了坚实的基础，谱写了生态文明建设的美丽篇章。长汀生态文明建设成就的取得是在习近平生态文明思想的科学指引下长汀当地持续不断努力取得的成果，充分展现这一科学理论体系的思想伟力。

一、生态环境根本性扭转

长汀曾经是中国南方红壤区水土流失最严重的县份之一，水土流失严重程度居南方省份各县之首，严重影响当地的生产生活状况，成为制约当地经济社会发展和老百姓走向幸福生活的"拦路虎"。党的十八大以来，在以习近平同志为核心的党中央坚强领导下，不断总结治理经验，探索符合当地实际、行之有效的治理新办法、新措施，运用科学手段，系统治理、源头治理、精准治理、综合施策、全面发力，全方位、全领域、全过程治理水土流失问题，长汀水土流失治理迎来了决定性胜利，当地生态环境状况发生了根本性改变。据统计，水土流失面积由 1985 年底的 146.19 万亩减少到 2020 年底的 31.53 万亩，减少水土流失面积 114.67 万亩，水土流失率从 1985 年底的 31.47%、2011 年的 10.26% 降至 2020 年底的 6.78%，低于福建省 7.52% 的平均水平[①]，水土流失区植被覆盖率由 1985 年的 5%—40% 提高到 2014 年的 75%—93%[②]，2020 年全县林地面积 389.06 万亩，森林覆盖率 80.3%[③]。

在习近平生态文明思想指引下，长汀当地持续发扬"进则全胜，不进则退"的精神，经过长期努力，生态环境建设取得历史性成就。长汀当地认真贯彻落实习近平 2011 年 12 月和 2012 年 1 月两次对长汀水土流失的重

---

① 《长汀水土保持志》编纂委员会编：《长汀水土保持志》，第 4、124 页。
② 《长汀水土保持志》编纂委员会编：《长汀水土保持志》，第 127 页。
③ 《长汀水土保持志》编纂委员会编：《长汀水土保持志》，第 50 页。

要批示精神，完善治理规划，创新治理体制机制，加强林业工程、水利工程、农村环境整治工程、土地和矿山整治工程等水土保持与生态修复工程，经过全面、系统、科学的治理，长汀县森林植物群落向多样性和较为稳定的方向演替，地表径流减沙率、蓄水量和保土量显著提高，生态状况发生了根本性改变，生态环境持续向好。2020 年，长汀县维管束植物从 20 世纪 80 年代的 110 种增加到 340 种，鸟类从不到 100 种恢复到 306 种，消失多年的白颈长尾雉、黄腹角雉、苏门羚、豹猫等珍稀濒危野生动物重现当地山林[1]，生物多样性得到快速恢复。至 2019 年，森林覆盖率由治理前的 58.4% 提高到了 80.31%，森林蓄积量从 1999 年的 902 万立方米提高到 1,752 万立方米，湿地面积达 5.4 万亩，自然保护区占全县面积的 8.91%。[2] 2019 年，长汀县空气环境质量常年维持在国家环境空气质量Ⅱ级标准以上；3 个国控、省控断面水质均达到水环境功能区要求，达标率为 100%，全县 18 个乡（镇）交接断面全年综合水质达标率为 100%，饮用水源地水质达地表水Ⅱ类标准、达标率为 100%；累计建设生态清洁型小流域 23 条，创建国家级生态乡镇 15 个、省级生态乡镇 17 个、省级生态村 63 个、市级生态村 195 个。[3]

经过长期持续的科学治理，长汀水土流失治理迎来了决定性胜利，取得了一系列成绩。长汀当地在习近平生态文明思想指导下，持续弘扬"进则全胜，不进则退"的治理精神，全面发力，当地生态环境实现根本性改善，一个生产空间集约高效、生活空间宜居适度、生态空间山清水秀的美丽长汀正在形成，长汀在水土流失治理和生态文明建设上取得许多宝贵经验，形成了富有典型意义的长汀经验。长汀也因在水土流失治理和生态环

---

① 《长汀水土保持志》编纂委员会编：《长汀水土保持志》，第 128 页。
② 《长汀水土保持志》编纂委员会编：《长汀水土保持志》，第 127 页。
③ 《长汀水土保持志》编纂委员会编：《长汀水土保持志》，第 127 页。

境修复保护上的成功实践获得一系列殊荣，先后被评为全国生态文明建设示范县（2012 年）、全国现代林业建设示范县（2012 年）、国家水土保持生态文明县（2013 年）、首批水生态文明城市建设试点县（2013 年）、第六批生态文明建设试点县（2013 年）、东部地区唯一全国生态文明示范工程试点县（2014 年）、河湖管理体制机制创新试点县（2015 年）、首批国家生态保护与建设示范区（2017 年）和"绿水青山就是金山银山"实践创新基地（2017 年）等称号，同时长汀县还入选"2020 年中国县域全生态百优榜"第 21 名。[①] 这些荣誉有力地展现长汀经验的成功之处，也充分证明了习近平生态文明思想的真理力量和实践伟力。

二、绿色产业体系日益成型

长汀当地坚持绿水青山就是金山银山的理念，把水土流失治理和走绿色产业发展道路融通，大力转变生产方式、生活方式，绿色低碳循环高效的产业体系日益成型。习近平指出："加快形成绿色发展方式，是解决污染问题的根本之策。"[②] 生态环境问题归根到底是经济发展方式和生活方式问题，长汀水土流失问题的形成和加剧与当地的生产方式、生活方式直接关联。为了从根本上治理长汀水土流失问题，长汀当地一方面持续不断加强水土流失区的植被绿化和森林植被保护工作，另一方面坚持绿水青山就是金山银山的绿色发展观，将水土流失治理、森林植被保护修复与绿色产业发展方式对接、融合，引导当地人民走绿色、低碳、循环的产业发展道路。党的十八大以来，在习近平生态文明思想的指引下，长汀当地大力发展生态种植、生态养殖等生态农业，形成了富有长汀典型特色的水土流失长效治理模式，也形成了与当地自然环境相适应的、与水土流失治理相联接的

---

① 《长汀水土保持志》编纂委员会编：《长汀水土保持志》，第 127 页。
② 习近平：《论坚持人与自然和谐共生》，第 15 页。

绿色产业体系。

一是形成以果业、经济林为主体的水土保持和生态种植产业。长汀当地在绿化植被、治理水土流失过程中，种植多种果树或其他经济作物，如油茶、杨梅、板栗、蓝莓等，发展了绿色农业种植经济，推动形成生态产业。据统计，2014年，长汀县油茶林面积15.3万亩，油茶加工企业10家，产量2,000余吨，产值3.2亿元，2020年全县建设油茶示范基地1.44万亩，当年油茶林面积达17.8万亩，油茶产值6,000余万元。[①] 其中，长汀策武镇南坑村在水土流失治理过程中不断发展种植果树、经济林等，形成"草牧沼果"生态养殖、银杏树种植等生态农业，截至2020年，南坑银杏生态示范区种植银杏树近4万株，是长汀县重点水土流失治理区和闽西"银杏第一村"。同时，南坑还在银杏生态示范区设立了多功能旅游接待中心、银杏诗画长廊、银杏种植纪念园、绿泉水库休闲渔业区和桃、梨、油茶、樱花等种植观赏片区等旅游设施[②]，形成了生态农业、旅游康养等的绿色产业发展模式。长汀的河田镇伯湖村还建设了生态农庄、生态葡萄园、生态观光长廊、农家乐、科普教育基地等绿色产业设施，有力推动当地发展方式、生活方式向绿色转型，形成绿色发展、低碳发展、循环发展的新业态。

二是利用优化后的生态环境和当地丰富的红色资源、客家文化资源等，大力发展文旅康养产业。长汀的三洲镇为了改善水土流失区的地表植被环境，将果树种植与植被保护相结合，在水土流失区内种植杨梅，截至2020年，三洲镇共种植杨梅1万多亩，成为"杨梅之乡"，建成了水土流失治理示范园、综合旅游服务区、养生度假区、杨梅观光园、太空莲湿地观光园等旅游设施，形成了绿色文化与旅游康养一体化的新产业。据报道，2013年起，三洲镇每年举办杨梅文化节，开展采杨梅、赏杨梅、品杨梅酒、"三

---

① 《长汀水土保持志》编纂委员会编：《长汀水土保持志》，第131页。
② 《长汀水土保持志》编纂委员会编：《长汀水土保持志》，第122—123页。

洲情·杨梅缘"名人书画展、果香风情摄影大赛、生态自驾游及休闲农事等活动。[1] 2017 年以来，长汀濯田镇寨头村建设了安全生态水系 1,284.6 米，人行步道 1,014 米，水保生态园 2 座，花果长廊 1,000 米，2015 年始先后获得省级森林村庄、省级乡村旅游特色村等称号[2]，有力地促进了产业发展方式向绿色转型。长汀河田镇露湖村在水土流失治理和森林植被绿化过程中，开发种植板栗等果树 2,600 亩，建成 320 亩无公害蔬菜种植基地[3]，发展了生态农业，形成了以水土流失带动绿色产业发展、以发展绿色产业推动水土流失治理的新道路。

三是发展了林下经济，形成林下产业新业态。长汀当地在绿化植被保持水土的同时，还在山头林下发展种植业和林下旅游业，通过引导产业发展方式向绿色转型，实现绿富共赢。党的十八大以来，随着水土流失治理全方位推进，长汀县林下经济也进入快速发展时期，形成了以林下野生菌、林下药材、林下花卉、林茶、林禽、林蜂、林下产品采集加工、林下旅游等新经济业态。其中，林下种植了三叶青、黄花远志、百合、竹荪、灵芝、水栀子、玫瑰、茯苓、姜黄等；林下重点养殖了河田鸡、蜜蜂、羊、牛、豪猪、果子狸等；发展了林下旅游以及林下产品加工、流通和销售等产业。据统计，截至 2015 年底，长汀县林下经济经营面积 157.69 万亩，参与农户 1.84 万户，实现产值 18.75 亿元。其中，林下种植经营面积 40.9 万亩，产值 3.74 亿元；林下养殖面积 14.54 万亩，产值 3.91 亿元；林产品采集经营面积 85.55 万亩，产值 4.99 亿元；森林景观利用面积 16.66 万亩，产值 6.12 亿元。[4] 2020 年，长汀县建成林下经济特色示范基地 21 个，引导 332 家公司、合作社、家庭农场与 4,452 户贫困户建立利益联结机制，建成林下经

---

① 《长汀水土保持志》编纂委员会编：《长汀水土保持志》，第 123 页。
② 《长汀水土保持志》编纂委员会编：《长汀水土保持志》，第 124 页。
③ 《长汀水土保持志》编纂委员会编：《长汀水土保持志》，第 123 页。
④ 《长汀水土保持志》编纂委员会编：《长汀水土保持志》，第 131—132 页。

济和示范基地 39 个，长汀县林下经济经营面积 182 万亩，产值 28.65 亿元。[①]

此外，长汀还结合当地自然条件和资源禀赋特点，发展绿色清洁产业、高新技术产业，坚持走生产发展、生活富裕、生态良好的绿色发展道路。长汀当地坚持把绿色低碳发展作为解决生态环境问题的治本之策，精心进行产业布局，大力发展稀土、纺织服装、文旅康养三个主导产业，还有特色现代农业、医疗器械、电子商务、建筑业四个重点产业，厚植绿色高质量发展的基础，经过长期布局和发展，绿色清洁产业和高新技术产业的经济总量、产业质态得到全面提升。其中，稀土产业产值从 2011 年的 24.9 亿元快速增长到 2020 年底的 124.4 亿元；2020 年纺织服装产业产值也达 105 亿元，是继稀土之后长汀县第二个产值突破百亿元的产业；医疗器械产业也从无到有、快速壮大，总投资 10.6 亿元医疗器械产业园建成投入使用，入驻企业 49 家，26 家实现投产，2020 年实现贸易额及产值 11.4 亿元，增长 11%。这些发展有力地促进长汀当地产业向绿色低碳循环的发展方向转型，形成了绿富共赢的经济发展新格局。

三、经济社会高质量发展

长汀水土流失治理的决定性胜利和生态文明建设的全面展开优化了当地的发展环境，为经济社会发展夯实了根基、构筑了良好的条件，有力地支撑了当地经济社会高质量发展。长汀水土流失治理改善了当地的土壤状况，优化了农业生产环境，带来了粮食、经济作物产量的提高和经济收入的增加。据统计，2015 年，长汀县在粮豆种植面积减少的情况下，粮食产量 22.23 万吨，比 2000 年（18.1 万吨）增长 22.82%；水果种植面积扩大 11.47 万亩，比 2000 年（10.12 万亩）增加了 1.35 万亩，林下经济产值达

---

① 《长汀水土保持志》编纂委员会编：《长汀水土保持志》，第 132 页。

18.75 亿元，林业产业产值达 26.26 亿元[1]；2020 年长汀县农业产值增长到 25.12 亿元，林业产值达 8.76 亿元，粮食产量为 17.12 万吨[2]。"十三五"期间，长汀地区生产总值年均增长率超过 7.2%[3]。

长汀当地坚持"绿水青山就是金山银山"的绿色发展观，大力转变生产方式、生活方式，将水土流失治理与绿色生产方式融合，拓展了产业发展的道路，经济结构更加合理，产业布局更加科学，有力地推动经济社会高质量发展。长汀当地结合水土流失治理，大力发展林果种植业、养殖业、林下产品采集加工业、林下旅游业等，走绿色低碳循环的发展模式，形成了生态农业、文旅康养等绿色产业新业态。2020 年，长汀县建有 3 个森林公园（楼子坝省级森林公园、汀州省级森林公园和彭坊龙藏寨森林公园），新培育森林人家 2 家，森林旅游接待游客 15 万余人次，收入 1,621 万元[4]，2020 年旅游业收入为 33.59 亿元[5]，实现了水土保持和经济社会发展的绿富双赢。据长汀县统计局公布的统计数据显示，2011—2020 年，长汀县地区生产总值从 111.75 亿元增长到 309.77 亿元，年均增长 9.36%，农林牧渔业总产值年均增长 8.93%，工业总产值年均增长 11.6%，固定资产投资年均增长 24.94%，社会消费品零售总额年均增长 12.81%，财政总收入年均增长 11.64%，城镇居民人均可支配收入年均增长 9.5%，农民人均纯收入年均

---

① 《长汀水土保持志》编纂委员会编：《长汀水土保持志》，第 130 页。

② 长汀县统计局、国家统计局长汀调查队：《2020 年长汀县国民经济和社会发展统计公报》，载于长汀县人民政府网站 http://www.changting.gov.cn/xxgk/zfxxgk/zfzcbm/tjj/zfxxgkml/05/202106/t20210604_1792836.htm，2021 年 4 月 28 日。

③ 《长汀水土保持志》编纂委员会编：《长汀水土保持志》，第 130 页。

④ 《长汀水土保持志》编纂委员会编：《长汀水土保持志》，第 132 页。

⑤ 长汀县统计局、国家统计局长汀调查队：《2020 年长汀县国民经济和社会发展统计公报》，载于长汀县人民政府网站 http://www.changting.gov.cn/xxgk/zfxxgk/zfzcbm/tjj/zfxxgkml/05/202106/t20210604_1792836.htm，2021 年 4 月 28 日。

增长 10.7%^①，2017—2020 年连续四年荣膺福建省"福建省县域经济发展十佳县"^②。

四、人民幸福感、获得感持续增强

党的十八大以来，长汀当地在水土流失治理过程中，始终坚持"绿水青山就是金山银山"的绿色发展观和"良好生态环境是最普惠的民生福祉"的生态民生观，大力引导当地人民转变生产方式、生活方式，走生产发展、生活富裕、生态良好的绿色低碳循环发展道路，把水土流失治理、生态环境保护建设和新产业新业态发展结合起来，林果种植业、养殖业、林下种植业、文旅康养等生态产业、绿色产业发展起来了，经济社会走上了高质量、可持续的发展道路，人民的收入增加了，生活幸福起来了。2017年，长汀县共成立林下经济合作组织 98 个，惠及林农 2.13 万户。2019 年，长汀县林下种植经营面积达 42.73 万亩，产值 6.56 亿元，得到市级授牌的"森林人家"23 家（其中三星级 2 家），接待游客 52.49 万人次，实现生态旅游收入 2,853 万元。^③2020 年，长汀当地农民种植的油茶产值达 6,000余万元。据统计，2016 年，水土流失区农民人均可支配收入由 2012 年的6,733 元增加至 12,824 元，年均增长 17.5%。^④另据长汀县统计局公布的统计数据显示，2022 年长汀县全年地区生产总值 343.7 亿元，比上年增长 5.5%。其中，第一产业增加值 41.6 亿元，增长 4.5%；第二产业增加值 139.9 亿元，

---

① 根据长汀县统计局、国家统计局长汀调查队公布的《2015 年长汀县国民经济和社会发展统计公报》《2020 年长汀县国民经济和社会发展统计公报》的数据统计，分别载于长汀县人民政府网站 http://www.changting.gov.cn/xxgk/tjxx/tjgb/201605/t20160531_822355.htm，2016 年 6 月 1 日；长汀县人民政府网站 http://www.changting.gov.cn/xxgk/zfxxgk/zfzcbm/tjj/zfxxgkml/05/202106/t20210604_1792836.htm，2021 年 4 月 28 日。
② 《长汀水土保持志》编纂委员会编：《长汀水土保持志》，第 132 页。
③ 《长汀水土保持志》编纂委员会编：《长汀水土保持志》，第 132 页。
④ 《长汀水土保持志》编纂委员会编：《长汀水土保持志》，第 130 页。

增长 6.2%；第三产业增加值 162.2 亿元，增长 5.1%；人均地区生产总值 86,359 元，比上年增长 5.6%；全年居民人均可支配收入 27,497 元，比上年增长 6.4%；农村居民人均可支配收入 22,279 元，比上年增长 8.2%；城镇居民人均可支配收入 33,502 元，比上年增长 5.5%。[①] 当地人民的生活水平显著提升，教育、医疗、就业等民生福祉明显改善，群众"出门见绿，行路见荫"的绿色福利和生活水平也得到极大提升。长汀县 6,120 户 20,695 名建档立卡贫困户全部实现稳定脱贫；5 个贫困乡、78 个贫困村实现脱贫摘帽，2018 年在福建省 23 个扶贫开发工作重点县中实现首批脱贫摘帽。

　　总体来说，在习近平生态文明思想的指引下，长汀的水土保持和生态文明建设取得了历史性成就，长汀水土保持和生态建设的成功实践被国家水利部誉为"南方地区水土流失治理的一个典范"，被国家林业和草原局盛赞"为全国生态建设树起了一面旗帜"。2012 年以来，长汀县荣获首批国家生态保护与建设示范区、全国现代林业建设示范县、国家水土保持生态文明县等国家和省级荣誉 20 多项，被列为全国第一批"绿水青山就是金山银山"实践创新基地、首批国家"互联网 + 全民义务植树"基地、首批"水生态文明城市"建设试点县、全国第六批生态文明建设试点县等 10 多个国家级试点，成为联合国开发计划署和全球环境基金"中国典型水土流失区退化天然林用地修复与管理"项目实施单位，在深化生态环境建设的国际合作上取得"零的突破"。"长汀县持续推进水土流失治理的启示"入选中组部工作案例并被列入中组部干部培训教材。"水土流失治理'长汀模式'"被列入国家生态文明试验区改革委举措和经验做法推广清单。水土流失治理有关经验做法先后得到时任国务院副总理汪洋和孙春兰副总理的肯定性

---

① 　长汀县统计局：《2022 年长汀县国民经济和社会发展统计公报》，载于长汀县人民政府网站 http://www.changting.gov.cn/xxgk/tjxx/tjgb/202303/t20230322_1989463.htm，2023 年 3 月 22 日。

批示，被中央电视台大型政论片《将改革进行到底》、央视新闻联播《践行"两山论" 兼得"富与美"》、新闻直播间等栏目和"改革开放40年""壮丽70年·奋斗新时代"大型主题采访活动，以及《人民日报》、新华社等中央主流媒体报道推广。水保科教园入选习近平新时代中国特色社会主义思想实践示范基地。精准治理深层治理工作先后获得时任中共中央政治局常委、国务院副总理韩正，时任中共中央政治局委员、国务院副总理胡春华的肯定和批示。长汀经验为全国水土流失治理和生态文明建设提供了有益借鉴。

回顾近几十年来长汀水土流失治理的实践历程，长汀水土流失治理和生态文明建设取得的决定性胜利，是几代长汀人在中国共产党领导下持续努力取得的胜利成果，更是党的十八大以来长汀在习近平生态文明思想指引下，全方位、全地域、全过程展开治理取得的伟大成果。在这一意义上，长汀经验是习近平生态文明思想在长汀的生动实践，是世界水土流失治理的中国智慧，也是中国百年水土保持史的一个缩影。长汀水土流失治理决定性胜利的取得充分展现出习近平生态文明思想的思想伟力，长汀水土流失治理成就的取得有力地证明：中国共产党为什么"能"、马克思主义为什么"行"、中国特色社会主义为什么"好"。

第三章

长汀经验　绿色奇迹的奥秘

　　长汀持续弘扬"滴水穿石、人一我十"的精神，一任接着一任干，形成了"党政主导、群众主体、社会参与、多策并举、以人为本、持之以恒"的水土流失治理和生态文明建设的长汀经验，取得了显著的经济、社会和生态效益。长汀县生态保护与修复的成功实践被誉为中国南方地区水土流失治理的典范，实现了生态环境保护和经济健康发展的有机统一，走出了一条从"荒山秃岭"到"绿水青山"，再到"金山银山"的可持续发展道路。

长汀县水土流失治理有决心（图片来源：长汀县水土保持事业局）

理论链接 ——生态文明的实现方式

生态文明建设坚持的是一条生产发展、生活富裕、生态良好的发展道路，目标是建设以自然规律为依归、以环境承载力为基础的资源节约型、环境友好型社会，为经济社会发展构建良好的自然生态根基和条件，为人民群众构建优美的生态环境，最终实现人与自然和谐共生，促进人的自由全面发展。建设生态文明、推动人与自然和谐共生的前提是尊重和顺应自然，摆正人与自然的关系，才能维护自然生态的平衡，人类才能够获得赖以生存和发展的条件和基础，实现可持续发展的目标。

一、发展方式的转型

生产方式是决定经济社会发展质量、人与自然关系最重要的实践因素之一，受制于一定社会的生产关系。资本主义工业文明奉行的是一条"人类中心主义"、以牺牲自然资源为代价的发展道路，这套先污染后治理、先索取后投入甚至只利用不投入不建设的发展方式严重破坏了生态环境，导致自然生态失衡，生态问题层出不穷。资本主义工业文明的经验教训告诉我们，要实现人与自然的和谐共生和经济社会可持续发展的目标，就必须转变生产方式，走绿色、低碳、循环的生态文明发展道路。

第一，生态文明意味着要由传统的生产方式向绿色、低碳、循环的生产方式转变。生产方式是推动经济社会发展最直接的现实基础，生产方式的变革决定着经济发展的效益和经济结构的质量。长期以来，西方国家奉行的是资本主义工业文明的发展模式，大量的自然资源被消耗，当下西方发达国家凭借强大的物质实力，继续控制、消耗全球的自然资源，发展中国家已无法继续走资源耗费型、粗放式的发展道路。同时，在资本主义生产方式的长期破坏下，全球自然生态环境已经脆弱不堪，无法承受发展中国家沿袭西方工业文明发展方式带来的发展代价。此外，西方发达国家凭借其强大的国家实力、制度规制力，竭力限制其他国家对资源的开发利用和发展权益。这些客观条件决定了包括中国在内的广大发展中国家必须转变发展方式，将绿色、低碳、循环的发展理念贯彻到生产发展的各部类、各环节、各领域之中，走生产发展、生活富裕、生态良好的发展道路，才能实现经济社会的可持续发展。

要实现发展方式向绿色、低碳、循环转型，就应当注重降低能耗、促进能源资源的循环利用，并不断加强科技研发和创新、生产工艺的提质升级等，全面提升生产环节的能源资源使用效率，促使能源资源等生产资料的使用方式向绿色、清洁、低碳转变。一是在生产起始环节加大科技研发力度，着力开发清洁能源、绿色能源等，替代高污染、高耗费的生产方式，促使产业结构、产业体系提质升级；二是在生产过程中，使用新技术、新的生产工艺等，全面提升能源资源使用效率，降低能耗和污染；三是促进能源资源等生产资料的循环利用、综合利用、多层次利用，甚至让生产环节产生的废料或废弃物转化为其他生产领域、生产环节的生产资料；四是大量降低生产末端环节的污染和碳排放，通过科技创新，提高生产废料、污染物等的处理技术，对生产废料进行再利用转化或无害处理，抑制生产末端环节污染物的产生，同时加大实施碳排放控制和碳中和工程，努力实现零排放目标，最终将传统的生产末端污染治理转变为生产全过程、各环节的绿色、低碳、循环生产。

第二，实现经济发展方式的生态转型。马克思主义认为，什么样的生产关系就决定什么样的经济运行方式。资本主义经济运行方式下的企业、产业体系等首要考虑的是资本的收益，而不是生态效益、社会效益。这种发展方式不可能统筹经济社会发展与自然生态保护之间的关系，也不可能形成绿色、低碳、循环发展的空间布局、产业格局和产业体系，更不可能形成有利于生态良性循环、经济社会和自然生态协调发展的经济运行机制、市场机制、管理机制等。

因此，生态文明建设必须摒弃资本主义工业文明的发展方式，充分发挥社会主义制度和生产关系的优越性，建立绿色经济体系，促进经济发展向绿色转型。众所周知，以人民为中心、满足和实现人民群众根本利益需要是社会主义社会的价值目标。当前，对民主、法治、公平、正义、安全以及优美生态环境的追求已经成为人民群众根本利益需求的重要组成部分，这就要求我们的经济运行形式必须适应人民群众的根本利益需求。因此，包括社会主义市场经济在内的经济运行方式必须协调好经济效益、社会效益和自然生态效益相互关系，统筹推动经济社会发展和自然生态环境的保护修复。在这一意义上，中国的经济运行方式必须也必然要发挥生产关系和制度的优越性，特别是作为最重要的经济运行方式和调控机制的社会主义市场经济体制更应该发挥社会主义制度的优越性、宏观调控的作用和市场配置资源的长处，构建更有利于经济社会发展和自然生态环境良性循环的经济体系、产业体系。

充分发挥社会主义市场经济体制的调控机制，构建绿色生态产业体系，促进经济社会的绿色低碳循环发展。一是充分发挥社会主义制度优势和政府积极有为的作用，对产业体系、产业发展方向进行前瞻性规划，优化空间布局、产业结构，建设以绿色发展为导向的相互融通、相互促进、相互循环的产业链和布局合理、优势突出的绿色产业体系，构建绿色、低碳、循环的发展格局。二是经济运行机制应充分发挥其调控作用，运用国家宏观调控的经济手段和法律手段，通过政府顶层规划、财政政策、货币政策等，引导产业体系向绿色、低碳、循环产业方向发展，形成既能促进经济社会发展，又有利于生态环境保护的产业体系，并结合各地自身的自然生态特点或优势，因地制宜地引导发展绿色产业、生态产业，促进产业生态化、生态产业化。三是要发挥经济运行机制的评价监督作用，将生态文明的目标要求纳入评价考核体系和奖惩机制，引导产业发展既注重经济社会效益，又注重生态效益，建立以绿色发展为目标的生态产业体系。四是经济运行机制特别是市场应充分发挥其在资源配置中的基础性作用，优化资源配置方向，调动更多的力量和资源，吸引包括社会资本在内更多的生产要素涌向生态产业领域，为绿色发展、可持续发展注入强大的动力，助力绿色产业、生态建设、环境保护等方面的技术创新，促进一个生产发展、生活富裕、生态良好的产业格局形成。

经济社会发展方式向生态转型是生态文明建设的必由之路，将引领人类文明的新发展，促进人类文明新形态的形成。经济社会发展方式向生态转型，就是力图通过生产方式、发展方式向绿色、低碳、循环方向变革，为经济社会更好更快的发展构建更坚实的自然生态基础和条件，从而促进社会生产力的发展，推动实现更全面、更和谐、更具有连续性和持久性的现代化。经济社会发展方式向生态转型，根本目的是更好地推动经济社会的发展，创造出更加丰富的物质文化产品和优质的生态产品满足人民对美好幸福生活的需要，实现人的全面自由发展。经济社会发展向绿色发展、生态发展转型，将经济社会的发展、自然环境的建设和人自由全面发展的目标三者统一起来，既敏锐把握到人的全面自由发展的必要条件，即创造高度发达的物质文明、精神文明、政治文明、社会文明、生态文明，又找到了一条实现这一目标的现实途径，从而使人类千百年来美好夙愿具有现实的可能性，这将极大拓展人类对文明的认识视野，丰富和发展对人类文明新形态的内涵的认识，更立体、全面地展现人类最高文明形态的美丽图景。这将极大鼓舞世界各国人民追求美好社会的信心，从而也为世界各国人民思考人类前途命运贡献了中国答案。

二、思维方式的转变

西方工业文明的生产生活方式将价值目标定位在物质利益的追求、物质欲望的实现上，以人类为中心，片面地追求物质利益，无节制地开发和利用自然，最终只会造成自然生态的失衡，产生一系列生态问题，最终反噬人类社会的生产和发展。要改变这种错误的生产生活方式，必须改变思维方式、发展观念、价值观念，正确地认识和对待自然，合理地开发利用自然，促进人与自然和谐共生。

第一，积极引导，推动形成生态文明观念。建设生态文明需要确立人与自然和谐共生的生态文明意识和生态价值观念，才能摒弃利益逻辑、物欲意识、人类中心主义等错误认识的影响和控制，形成绿色低碳循环的生产方式、生活方式，实现人与自然和谐共生的目标。20世纪中后期以来，全球生态问题越发严重，引起了世界各国众多学者、有识之士和政府等的关注，越来越多的生态理论出现，生态价值观念日益成为世界各国人民共识。然而，在资本主义世界，囿于其自身的制度及其意识形态的控制，生态文明观念及其价值认识难以在经济社会生活中确立起主导地位，无法推动形成生态文明的生产生活方式。而对于中国而言，广大人民群众早已掌握了自己的命运，成为国家和社会的主人，社会主义生产关系也牢牢确立在生产资料公有制这一经济基础之上，这为形成正确的生态价值观和生产生活方式奠定了坚实的经济基础。

因此，当前中国生态文明建设的重点之一在于树立和涵养生态文明的价值观念，推动生产生活方式的转变。一是树立正确的自然观，协调好人与自然的关系。树立正确的自然观要求我们必须摆正人与自然的关系，摒弃人类中心主义等的错误认识，不能把自然作为满足人类无休止物质欲望的对象，过度地对自然索取，而应尊重自然、顺应自然、保护自然，在自然可承受的范围内，合理地开发、利用自然为人类造福。二是树立正确的发展观。要认识到良好的生态环境是经济社会发展的根基和条件，应统筹协调好经济社会发展和自然生态保护之间的关系，坚持绿色、低碳、循环的发展方式，促进经济社会更好更快地发展；要认识到社会主义社会是五个文明共同发展的社会，要纠正唯GDP论的错误认识，全面促进经济、政治、社会、文化、生态协调发展；要认识到"绿水青山就是金山银山"，良好的生产环境既带来生态效益，又为产业发展创造新条件、提供新方向，产生新的经济效益。三是树立正确的价值观、民生观。要认识到更加丰富的物质文化生活是人民根本利益需求，优美生态环境的需求同样是人民根本利益的重要组成部分，是人民群众的福祉。要在保障和改善民生的同时，不断推动生态文明建设，创造出更优质的生态产品，满足人民群众对美好幸福生活的需求。

第二，要拓展转变思维方式、价值观念的渠道和方式。首先，要将生态文明思想、生态价值观念融入政府各层面的治理行为中，使之成为指导生产生活的价值导向。政府层面的法律法规、产业规划、政策规定、各类市场宏观调控机制等是调节、引导和规范经济行为体、广大人民群众生产生活行为最重要的工具，要将生态文明思想、生态价值理念融入其中，使生态文明思想、生态价值理念成为各层面行为体的自觉行为。要将生态文明思想、生态价值理念融入政府的产业政策、产业规划之中，大力鼓励发展绿色低碳产业、清洁能源产业、高效循环产业等，引导产业走绿色、低碳、循环的发展道路，促进生产发展、生活富裕、生态良好的绿色产业体系的形成。要将生态文明思想、生态价值理念融入政府的市场调节机制中，特别是财政、税收、货币、价格等机制中，引导各企业行为朝绿色、低碳、循环方向发展，优化其绿色发展基础，激发其发展活力。要将生态文明思想、生态价值理念融入各类经济社会发展的制度设计之中，使之成为各类政策法规、规章制度的价值目标，同时不断健全和完善生态文明建设相关的法律法规、政策规定等制度机制，实现生态文明治理体系和治理能力的现代化。

其次，要通过宣传与教育，使生态价值观念内化于心、外化于行动。生态价值观念要内化于广大人民群众的心中，才能转变为人民群众自觉的实践行动，成为企业行为体和广大人民群众的生产方式、生活方式。而要达到这一目标，除了政府层面的政策法规和规章制度等的引导、约束和规范之外，还应特别重视对广大人民群众的宣传教育。一是要发挥各类宣传教育机构的力量，如各级各类学校和教育机构、政府各级宣传部门以及社会各类宣传机构或平台等，对广大人民群众进行生态文明思想、生态价值观的宣传教育，形成全社会重视生态环境建设和保护的良好氛围。二是借助各类传统宣传媒介的力量或平台，如报纸、电视等新闻媒体以及书刊等宣传媒介，宣传生态文明思想理论，传播生态价值观念，倡导绿色、节约、低碳、清洁、循环、文明、健康的生产生活理念，形成全社会崇尚生态文明、共建清洁美丽世界的文化氛围。三是重视现代传播媒介的重要作用，充分运用与互联网、移动互联网等相关的社交媒介，以更鲜活、更便捷、更立体的方式，将生态文明思想、生态价值观念宣传教育潜移默化地贯穿到广大人民群众的日常生活之中，引导其形成良好的生态文明习惯。四是利用人民群众喜闻乐见、贴近老百姓生活的民俗活动、文娱活动等载体，将生态文明理念、生态价值观念融入其中，以生动、灵活的形式对广大人民群众进行宣传教育，引导其树立正确地对待自然的态度，涵养其生态文明的意识，促进其生态文明的生产生活方式形成。

第三，要将生态文明思想和价值观念融入社会主义文化体系，推动形成正确的思维方式、价值观念。文化是一个国家、一个民族的灵魂和血脉，以社会主义核心价值观为主体的社会主义文化体系是凝聚全国各族人民、推动中国特色社会主义事业朝前发展、实现社会主义现代化强国的精神动力。中国共产党人的生态文明思想是运用马克思主义基本原理，继承和发展了马克思主义生态观、自然观，吸收了中华传统文化中关于处理人与自然关系的生态智慧，如"天人合一""道法自然"等，吸取和借鉴了国外尤其是西方工业文明生态治理的经验教训，在深刻总结中国生态治理、生态建设的实践经验基础上形成和发展起来的科学理论原则。将生态文明思想、生态价值观念融入社会主义文化体系中，使之成为指导中国特色社会主义建设的精神滋养和智慧力量，对于推动经济社会和自然生态协调发展、实现社会主义现代化强国的目标、促进人的自由全面发展具有重要的理论和实践意义。

要认识到，把生态文明思想、生态价值观融入社会主义文化体系，将充分展现社会主义社会是物质文明、政治文明、精神文明、社会文明和生态文明五位一体全面协调发展的社会，充分展现中国式现代化是包括全体人民共同富裕、人与自然和谐共生在内的更科学、更完整的现代化，充分展现包括生态文明在内的社会主义文明将是更全面、更先进的文明，有力彰显社会主义文化的优越性和强大生命力，极大增强广大人民群众的文化自信力。要认识到，把生态文明思想、生态价值观融入社会主义文化体系，成为指导人民群众生产生活实践的精神力量，将极大夯实社会主义现代化建设的生态之基、绿色根基，更有力地推动经济社会的全面进步和人的自由全面发展。要认识到，把生态文明思想、生态价值观融入社会主义文化体系，体现中国共产党人致力实现人民群众根本利益和人民群众美好幸福生活的信心和决心，也深刻、全面地把握了人民群众根本利益需求的实质内涵，反映人民群众的根本要求，有助于凝聚广大人民群众的力量，调动和发挥人民群众的积极性、主动性和创造性，建设"五位一体"的社会主义现代化强国。要认识到，将蕴含人类命运共同体理念的生态文明思想和生态文明价值观念融入社会主义文化体系，为解决全球生态问题、建设人与自然和谐共生的地球生命共同体贡献中国思考、中国方案，并秉持着共同但有区别的责任、公平、各自能力等重要原则，与世界各国人民一道共同建设世界美丽家园，这既反映了世界各国人民尤其是广大发展中国家人民的共同心愿，也体现了中国的担当。

毫无疑问，将生态文明思想、生态文明价值观念融入社会主义文化体系，进而把社会文化和社会主义核心价值体系融入国民教育、精神文明建设和党的建设之中，贯穿社会主义现代建设各领域，以此涵养人们的生态意识、生态文明价值观念，促进全体人民形成良好的自然观、生态观和价值观，促使人们形成良好的生产生活方式，习近平生态文明思想必将成为引领人民群众、推动社会进步的强大精神力量，必将成为新时代推进美丽中国建设、实现人与自然和谐共生和社会主义现代化强国目标的强大思想武器，也必将成为筑牢中华民族伟大复兴的绿色根基，为实现中华民族永续发展、共建世界美丽家园提供科学的理论指南。

三、生活方式的转换

人类社会发展至今，创造了灿烂的文明，文明是人类生产活动成果的总和，也是人类社会不断进步的象征和体现。生态文明是人类社会经历原始文明、农业文明、工业文明后出现的文明新形态，是人类对过去不正确对待自然生态的态度和行为的反思结果，集中体现了人类处理人与自然关系的智慧。工业文明在给人类社会带来巨大进步的同时，也带来了一系列生态环境问题，危及人类的生存发展，建设生态文明、推动人与自然和谐共生势在必行。早在 1992 年联合国环境与发展首脑会议通过的《21 世纪议程》中就曾经明确指出，消费问题是导致整个地球发生环境危机的重要因素。因此，转变人民群众的生活方式、变革他们的消费方式是建设生态文明又一关键所在。要实现这一目标，应将生态文明理念、绿色生活观念融入人们日常生活当中，全面提升人们的思想认识和道德水平，改变他们追求奢靡、享乐的物质主义生活方式和消费观念，形成节约、绿色、低碳、清洁的生活方式和消费习惯，使绿色的生产方式与生活方式、消费模式相互统一，进而促进经济社会和自然生态协调发展、人与自然的和谐共生。

第一，引导和规范人们的生活方式，促进绿色生活方式形成。生产方式、生活方式的转变是生态文明建设的关键所在，而生产方式和生活方式又是相通、统一的。一方面，生产出来的产品分为生产资料和生活资料，其中生活资料是直接满足人的生活需求的，生产方式决定产品的内容，也就影响甚至决定人们消费内容；另一方面，人们的生活习惯、生活观念和消费观念又反过来直接影响自身的劳动生产方式（这里指人们通过劳动，直接从自然界中获取生活资料）、经济行为体的生产行为和产品的方向。因此，建设生态文明、促进人与自然和谐共生，引导和规范人们的生活方式、消费方式显得尤为重要。

一是要引导、规范、约束人们不合理、非生态的生活方式，培养人们的生态文明行为习惯。要充分发挥法律法规、政策规定等的约束和导向作用，引导和规范人们的生产生活行为，如约束、规范广大农村，尤其是南方农村百姓过去传统的"靠山吃山，就地取材"的燃料获取方式，引导其使用沼气、天然气等更清洁的能源，实现农村能源使用方式的变革。通过引导、规范和约束等方式，将生态文明所倡导的节约、绿色、低碳、循环、文明、健康等理念转变为人们的生活、消费观念，成为人们生产生活的自觉行为。二是要培养人们绿色环保、节约低碳、文明健康的生活风尚，促进人们形成绿色环保、节约低碳、文明健康等的生活方式和生活习惯。为此，要通过各类宣传渠道、平台，以贴近老百姓心声、老百姓喜闻乐见的方式，对广大人民群众进行宣传教育，引导人们改变传统的非生态的生活观念、生活方式，克服奢侈浪费、易带来环境污染和生态破坏的不良生活方式、消费习惯，形成绿色环保、节约低碳、文明健康的生活方式和消费习惯；要大力增加绿色公共物品供给、优化人民群众绿色生活设施和生活环境，如农村饮水设施、生活废弃物回收再利用和安全处理设施、供暖设施以及新农村生活环境建设等，通过生活基础设施和生活环境的优化，提高人民群众的生态道德认识水平，促进人们形成绿色环保、节约低碳、文明健康的生活风尚，涵养人们的绿色生产观念、生活观念、消费观念。

第二，转变传统的非生态生活观念和不正确的消费观念。要使人们形成绿色环保、节约低碳、文明健康的生活方式、消费习惯，还应从思想层面转变人们过去传统的非生态生活观念和不正确的消费观念，只有使人们确立起生态道德观、生态发展观、绿色消费观等，形成正确的价值判断和思想认识，生态文明理念才能真正转变为人们的自觉行动。

一是要培养人们的节约意识、环保意识、生态意识。要实现这一目标，除了运用各种宣传教育手段之外，还应在生产环节发力，以绿色环保的新产品引导生活方式、消费习惯的转变，促进人们形成生态文明的思想认识和价值观念，进而形成绿色的生活方式、消费习惯。要有生态文明建设的系统思维，把节约意识、环保意识、生态意识贯穿到生产环节和消费环节之中，使生产环节和消费环节统一到绿色环保、低碳循环、文明健康的生态意识上。在生产环节，利用科技创新等手段，不断创造更多、更丰富的绿色、低碳、清洁、环保、循环的生态产品，抑制或减少高能耗、易带来环境污染的非生态环保产品的生产和供给，如减少提供难以降解的一次性塑料制品、不可回收再利用且易带来环保问题的生活产品等。从产品提供的环节入手，以产品为导向，引导需求的转变，培育和涵养人们的节约意识、环保意识、生态意识。在再生产过程中，大力进行科技研发和创新，全面提升生产生活废弃物的回收再利用、循环利用的科技水平和再生产能力，以此来引导人们形成对生活废弃物的循环再利用习惯，从而达到培育和涵养人们节约意识、环保意识、生态意识的目的。

二是转变非生态的、不正确的生活观念、消费观念，提升人们的生态道德认识和价值认识。非生态的、不正确的生活观念、消费观念和价值认识是人们生产方式、生活方式、消费方式扭曲的思想根源，也是导致人与自然关系失衡的重要价值认识因素，在生活领域常表现为崇尚物质至上、奢侈浪费等，本质上是受利益逻辑、物质主义、人类中心主义等的影响。因此，要培养人们的生态道德认识和价值观念，主要是消除利益逻辑、物质主义、人类中心主义等错误思想认识的影响。同时还要认识到，物质主义意识的根源既有利益逻辑的驱动，也有思想层面上人们对物质匮乏的恐惧，表现为对物质占有的欲望，这一点尤其体现在普通民众身上。而奢侈浪费的生活观念、消费观念则是享乐主义、奢靡主义的意识在作祟，是人的思想观、价值观扭曲的结果。在资本主义工业文明下，要消除资本逻辑、物质主义意识的影响，首先要改变资本主义生产关系及其制度，不同于其他国家，这一障碍在中国早已突破，牢固的社会主义制度和社会主义生产关系为我们消除这些不良影响提供强有力的政治条件、经济和社会基础。因此，对于中国而言，要消除物质主义意识影响、转变物质至上的生活方式和消费观念，重要的是应充分发挥社会主义制度的优越性，立足于新发展阶段、贯彻新发展理念、构建新发展格局，推动经济社会高质量发展，创造出更加高度发达的社会生产力，以更丰富的物质文化产品、更优质的生态产品，来满足人民群众对美好幸福生活的需要。在此基础上，不断加大社会保障、社会服务等公共物品供给，推动实现共同富裕，让人民共享发展成果，进而克服思想意识上对物质匮乏的恐惧，消除物欲逻辑、物质至上意识的影响，转变非生态的、不正确的生活方式和消费观念，促进生态文明意识和生态价值观念的形成。

此外，还要用社会主义核心价值体系引领人们的思想认识和价值观，促使其转变放弃享乐主义、奢侈浪费的生活观念和消费观念。要转变人们非生态的生活方式和消费习惯，还应当将生态道德、生态价值观融入社会主义核心价值体系之中，用社会主义核心价值体系来引领人民、教育人民，筑牢思想价值观的堤坝，提升人们的思想认识水平和道德情操，形成崇尚绿色环保、节俭低碳、文明健康的生态价值观和消费观，提倡适度消费和健康消费，自觉抵制奢侈浪费、非环保的行为，从而形成绿色的生活方式和消费习惯。

总之，生态文明建设是一个系统工程，它既涉及人们思想观念的转变，也涉及生产方式、生活方式的变革；既需要生态文明制度的健全和完善，也需要物质条件的优化和思想价值认识的变革，更需要全民的行动。当人们的思想认识、价值观念真正向生态文明方向转变后，一条绿色、低碳、循环的生产发展道路才能确立，一个绿色环保、低碳节约、文明健康的生活方式才会形成，一个生产发展、生活富裕、生态良好的社会才能形成，才能真正实现人与自然的和谐共生和人的自由全面发展，生态文明的美好前景才能变成现实。

第一节 探索中形成的长汀经验

长汀经验是长汀当地在推进水土流失治理工作和生态文明建设实践中形成的基本经验，它既是对长期以来水土流失治理实践的经验总结，也是新时代不断推进生态文明建设的探索，是一条符合长汀实际又富有典型意义的成功经验。长汀经验对于实现经济社会与自然生态协调发展、建设人与自然和谐共生的现代化具有重要的借鉴意义，深入解读长汀经验的内涵，揭示长汀成功治理水土流失、有序推进生态文明建设、建成美丽家园背后的密码，有助于其他地区学习借鉴长汀经验，助力美丽中国的建设实践。

一、长汀县委、县政府的总结

长汀县在福建省委、省政府领导下，以坚持不懈、持之以恒的韧劲，在实践中不断探索总结，取得了水土流失治理的决定性胜利，并沿着生态文明建设的方向，推进美丽家园建设，形成具有典型意义的长汀经验。以长汀为重点的汀江流域水土流失治理是省委、省政府为民办实事项目之一。2009 年，在福建省委、省政府为民办实事项目十年（2000—2009 年）验收工作中，长汀县委、县政府将长汀水土流失治理经验总结概括为"持之为贵、民生为本、创新为源、求实为基"，这一概括集中体现了长汀经验的内涵和特征。

一是持之为贵。长汀水土流失是长期形成的结果，要治理好它绝不是一朝一夕之功，而是一项长期性、系统性的工程，它既涉及水土流失区域地质条件、植被状况、水土流失等的治理，也涵盖老百姓生产生活方式、生态观念的转变，是全过程、全方位、标本兼治的治理。而生态文明建设是水土流失治理取得胜利后的接续奋斗，涉及发展方式、发展观念、生活方式、生活观念的绿色转变，也涉及治理体系、治理能力的全面提升，涵盖了经济、政治、文化、社会、生态各方面的全面建设和发展，也是一个长期性、系统性的工程。因此，它需要持之以恒的精神和韧劲，也需要久久为功的精神，才能实现治理的目的。长汀县委、县政府始终把水土保持作为全县可持续发展最重要的战略任务，发动全县干部群众，上下一致、团结一心，以"滴水穿石、人一我十"的治山精神，几十年如一日地治理水土流失，齐抓共管，不懈坚持，才最终取得水土流失治理的成功，并踏上建设美丽家园新的奋斗历程。在这个意义上，长汀经验体现的是中国共产党人的艰苦奋斗、敢于斗争、善于斗争的精神，也体现出中华民族独有的吃苦耐劳、坚持不懈的韧劲。

二是民生为本。长汀县委、县政府始终以人民为中心，以当地人民的疾苦为忧、为重，从当地群众的切身利益、影响百姓生产生活的重大问题入手，努力增进人民群众的福祉。长汀水土流失问题是当地贫穷落后的最大根源，是当地百姓实现全面小康、走向共同富裕的"拦路虎"，长汀县委、县政府清楚地认识到这一点，把水土流失治理作为推动实现可持续发展的战略任务来抓，下定决心、下大力气彻底治理水土流失问题，为经济社会发展构建良好的根基和条件，为当地百姓摆脱贫穷、走上富裕创造有力的基础。为此，长汀当地政府多方发力、综合施策，积极引导当地百姓转变传统生产生活方式，如烧灰积肥、烧炭取暖、砍树取柴等，改变了靠山吃山的生活方式，从"砍树人"变成了"种树人"，优化了当地的生态环境。与此同时，长汀当地还以生态产业新道路引导发展方式的转变，从而既有力地推动水土流失治理，又有效地拓展当地百姓致富、走向幸福的新路径，如积极引导群众发展"草牧沼果"循环种养生态农业，增加当地百姓的收入，帮助群众脱贫致富，一步步走上了幸福之路，实现了绿富共赢的目的。由此可见，治理水土流失是为了当地百姓的切身利益，改善当地百姓的生产条件、生活环境和建设生态文明同样是为了实现好、维护好、发展好当地百姓的根本利益，长汀经验正是坚持这一根本奋斗宗旨，才赢得了当地人民的支持，才能团结带领人民取得水土流失治理的决定性胜利，让"美丽家园"日渐成形。

三是创新为源。长汀水土流失治理能实现决定性胜利的目标，治理制度机制创新、治理技术创新等起到关键性作用。在治理过程中，长汀结合当地的实际情况，坚持制度机制创新，实施"大封禁、小治理"，对当地水土流失区域的山林实施封禁政策，出台一系列法律法规、规章制度，明令禁止上山砍柴、砍伐林木、破坏森林，同时采取科学手段、科学方式对封禁区域进行集中治理、分块治理、系统治理、综合治理。为了实现标本兼治的目的，长汀当地则采取制度约束和疏导教育相结合的办法，通过财政投入，以补贴的方式让老百姓"收起柴刀"，停止无序性生活燃料用柴的砍伐，促使当地百姓转变生活方式。同时，创新激励机制，调动和发挥当地百姓的积极性、主动性、创造性，治理水土流失。长汀当地采取资金补助、以补代拨的方式，实行大干多补助、小干少补助、不干不补助，以此激励当地百姓，调动了群众参与治理水土流失的积极性，发挥当地群众治理主体力量的作用，全面提升治理效能，实现治理目的。

不断进行科研攻关，创新水土流失治理手段和技术。长汀当地充分发挥当地百姓的聪明才智，紧密结合长汀当地独特的地质环境，创造性地提出符合当地实际的水土流失治理理念，采用等高草灌带、"老头松"施肥改造和陡坡地小穴播草等新技术，并根据水土流失不同区域的不同状况，因地制宜、分类实施治理，促进当地自然生态由人为造成的逆向演替向良性循环的正向演替转化。为了实现治理技术的创新，长汀当地还充分依托和发挥相关高等院校和科研单位的力量和作用，建立了水土保持院士专家工作站、水土保持博士科研工作站、水土保持博士后研究站、南方红壤水土保持研究院、福建省（长汀）水土保持研究中心"三站一院一中心"的科研机构，联合开展治理新技术科研攻关，攻克了南方红壤区和水土流失区造林、育林等技术难关，创造出一系列治理改造技术措施，形成了一套有效的水土流失治理做法和经验。

四是求实为基。长汀水土流失问题要实现根本性扭转基础在于治理，关键是将治理效能落到实处，扎实、有序地推进水土流失治理工作，才能实现治理目的。为此，长汀当地富有创造性地实施党政主要领导"双组长"制、"三级书记"水土流失治理政治责任制等，将水土流失的治理责任压实，形成了"党政主导、群众主体、社会参与"的治理模式，把科学的治理之策落到实处，全面推动水土流失治理和生态文明建设。在水土流失综合治理项目实施中，务求实效，项目前期突出"细"，项目实施突出"实"，项目管理突出"严"，确保水土流失治理措施产生真正效果。长汀当地正是以不实现水土流失状况根本改变绝不鸣金收兵的决心，秉承求真务实的精神，一锤接着一锤打、一任接着一任干，不停息地治理，才最终取得水土流失治理的根本性胜利，迎来了长汀天蓝地绿水清的新天地。

二、福建省委、省政府的提升

经过长期不懈地奋斗，长汀水土流失治理攻克了一道又一道难关，取得了一个又一个喜人成绩，长汀当地也进入水土流失治理的决胜阶段。为了巩固成绩，总结治理经验，进一步推进新阶段的水土流失治理和生态文明建设，福建省水利厅组织相关单位对长汀水土流失治理经验进行总结，它们将长汀水土流失治理经验概括为："滴水穿石、人一我十的韧性；脚踏实地、真抓实干的作风；尊重科学、勇于创新的闯劲；民生为本、人水和谐的理念。"这一经验概括后又组织专家研究论证，最终福建省委、省政府将长汀经验提炼为"民生优先、群众主体、科学治理、统筹施策、持之以恒"。这一总结提炼集中体现长汀经验的理论内涵，也展现出长汀水土流失治理的实践特质。

2011 年 12 月，中央七部委联合调研组到长汀开展水土流失治理调研，对长汀经验进一步概括提升，在 2012 年 1 月 6 日上报中央的《关于支持福建长汀推进水土流失治理工作的意见和建议》中，将长汀水土流失治理的做法和经验总结为"政府主导、群众参与、多策并举、以人为本、持之以恒"。这一概括较全面地总结了长汀经验的实质，涵盖了生态治理的主体、机制、途径、方法、宗旨、价值和精神，充分体现出长汀水土流失治理是全面治理、系统治理、综合治理的实践。在此基础上，2012 年初福建省委、省政府进一步对长汀水土流失治理经验进行全面性、系统性、科学性概括，将长汀经验总结为"政府主导、群众主体、社会参与、多策并举、以人为本、持之以恒"。2012 年之后，正式表述为"党政主导、群众主体、社会参与、多策并举、以人为本、持之以恒"，这一总结概括全面地把握了长汀经验的深刻内涵，使长汀经验更具科学意义，并成为水土流失治理实践方面可供借鉴的典型例子。

三、多角度阐释长汀经验

长汀水土流失治理进入决胜阶段后，长汀当地的生态文明建设也大踏步进入新时期、新时代，被明确为"党政主导、群众主体、社会参与、多策并举、以人为本、持之以恒"的长汀经验也引起多方的关注和赞誉，越来越多的科研机构、相关部门以及学术界均对长汀经验进行多角度的解读和阐释，多维度、深层次地探究了长汀水土流失治理成功背后的密码，进一步丰富了长汀经验的内涵，为长汀经验的学理性总结和提升拓展了空间，使长汀经验的广谱性意义更加显现。2012 年 5 月 17 日，水利部在长汀召开总结推广长汀水土流失治理经验座谈会，时任部长陈雷也曾对长汀经验进行了较为全面、深入的阐释和概括。在他看来，长汀经验就是要坚持科学发展观、正确政绩观，把水土流失治理作为基础性、长期性、战略性任务来抓，坚持不懈、坚持到底；就是要坚持尊重科学、尊重规律，从客观实际出发，不断探索水土流失治理的有效途径；就是要坚持以人为本、民生优先，从解决人民群众疾苦出发，让人民群众在水土流失治理中得到实惠，不断维护和实现人民群众的根本利益，才能更充分地发挥人民群众的积极性、主动性、创造性，实现水土流失治理的目标；就是要坚持政策扶持、机制创新，不断强化广大群众治理水土流失的主体地位；总结长汀经验，就是要坚持自力更生、艰苦奋斗，在新的历史条件下发扬革命老区优良传统。总之，在新时代条件下，要推动长汀水土流失治理的彻底性胜利、建设生态文明，就应当坚持在治理实践中形成水土流失治理的基本原则和科学治理方法，敢于迎难而上，继续发扬"敢于斗争、善于斗争"的精神，才能最终实现战略目标，实现人与自然和谐共生。

第二节　长汀经验的精髓所在

长汀经验是在水土流失治理长期的实践中形成的科学经验总结，内涵丰富。长汀水土流失治理之所以能取得根本性胜利，正是坚持了一些基本原则，这些基本原则是长汀经验的精髓所在，它们分别是：科学治理是基础，久久为功是关键，真正的英雄是人民，党的领导是根本。

一、科学治理是基础

长汀当地地质条件恶劣、土壤贫瘠、植被覆盖率低等是造成水土流失的重要客观原因。很显然，要治理水土流失，基础在于增加地表的植被覆盖率，从源头上遏制水土流失问题的产生。鉴于长汀当地独特的地质条件，要增加绿植面积、提高地表植被覆盖率，必须结合当地的实际状况，创新绿植手段和方法。为此，长汀一方面依靠当地百姓的聪明才智，大力推进绿化工作，改善地表植被环境；另一方面又依托高校、相关科研单位等，组织力量进行科研攻关，攻克了南方红壤区、水土流失区造林育林等技术难关，创造性地提出并运用了等高草灌带、"老头松"施肥改造和陡坡地小穴播草等绿植技术，实现生态的根本好转，长汀人民在党和政府的带领下也日益走出一条生态文明发展道路。

　　要改善当地的生态环境、增加绿植面积、提高地表植被覆盖率，科学育林、科学植草是关键。科学育林意味着要"因地制宜、经济高效"，即根据地质条件、地形特点和经济状况合理选择育林的树种、造林方法，既要提高树木成活率，又要优化林木成分与结构、确保育林的质量。在长汀治理水土流失的过程中，创新绿植手段和方法，科学育林、科学植草在改善长汀当地地表植被环境、治理水土流失中起到十分重要的作用。

　　（一）低效林改造

　　为了改善生态环境，长汀采取科学手段，对当地的低效林进行改造、优化林种质量、林木成分，提高林木的存活和生长质量，增加森林覆盖

在立地条件较差的中、轻度水土流失山地，马尾松（或其他乔木、灌木）林分密度在 120 株 / 亩以上的林地，每亩选择 100 株幼树，在其树冠投影上段挖 40×30×30 厘米施肥穴，每穴施有机复混肥 0.25 千克，后覆土踩实。通过抚育施肥改造促进老头松生长，促长其他伴生树草，达到植被恢复之目的。

水土流失治理——马尾松种植（图片来源：长汀县水土保持事业局）

率。长汀按照水土流失程度的不同，把水土流失分成了重度、中度和轻度三类。在中度、轻度水土流失的山地，以改造低效林为主要育林方式，如"老头松"施肥改造、乔灌结合林种优化等；引种适合南方红壤区、水土流失区的树种，增加阔叶林品种，优化林种成分，提升育林绿化效果；改善当地以低矮灌木为主的林分结构，大力提高地表的植被覆盖率。在重度水土流失区域，在采取有效的手段控制水土流失的同时，选择适应在当地土壤条件生长的草种、林种，运用科学育草、育林等手段进行绿植，提高林草的存活率和生长质量，优化地表植被环境，实现重度水土流失区域的治理目标。

（二）等高草灌带

等高草灌带是将坡面工程和植物措施相结合，在坡地上沿等高线挖水平沟和穴，沟内植灌、播草，穴内种植乔木，形成沿等高线生长的植被带，达到控制或减轻水土流失的治理技术。这种技术改变了以往有沟无林或有林无沟的单一做法，通过水平沟整地截短坡长、减缓坡度，削

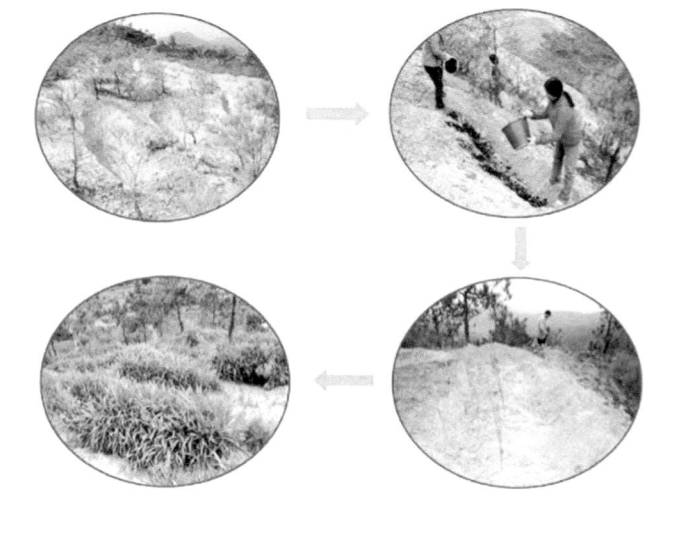

在强度水土流失山地，沿等高线挖小水平沟，水平沟按品字形排列，沟间距为200厘米，在沟内种植灌木、乔木，沟埂及沟内撒播草籽，能够拦蓄较多的地表径流，同时可以降低沟内的土壤水分蒸发，促进沟内的乔、灌、草快速覆盖地表。

水土流失治理——培育等高草灌带（图片来源：长汀县水土保持事业局）

减径流冲刷力，拦截坡面径流泥沙，促进水分的渗入及有机质等养分的沉积。水平沟补植林草，沟内草灌快速覆盖地表，形成一条条水平生长的茂密草灌丛——等高草灌带。等高草灌带有效地改善了沟内土壤的水分、养分，为植物生长创造有利条件，同时还有利于径流泥沙的拦蓄沉积，控制水土流失。

（三）草灌乔混交与小穴播草

长汀水土流失区地表几乎只有马尾松这一单一树种，不像其他阔叶林，这些马尾松稀疏、矮小，林下无草灌或少草灌，在马尾松周围常形成块状空洞的地表，难以起到有效保护水土的生态功能，因而常常发生水土流失问题。草灌乔混交就是针对这一问题提出并实施的治理方式。在治理中，一方面以人工施肥的方式，对这些被称为"老头松"的马尾松林进行改造，提高马尾松的林木质量；另一方面在乔木下播撒灌草，促进其他伴生树、草的生长，增加绿色植物生长量，提高地表植被覆盖率。

小穴播草是 2002 年福建省副省长刘德章视察长汀时所建议的治理措施。长汀水土流失区域的陡坡地坡度大、生态环境恶劣，不利于水分渗透进入土壤，一场雨水就带来一次对地表的冲刷，水土流失颇为严重，不利

草灌乔混交：对原山坡地草被稍好，地表覆盖度在 35% 以上的水土流失地块，增加灌乔品种，增加阔叶树成分，利用多树种混交的模式，以期达到改造单一的针叶林分，具有乔灌层次稳定的林分结构。

草灌乔混交（图片来源：长汀县水土保持事业局）

小穴播草：在坡度较大的水土流失山地，挖50×40×30厘米（面宽×深×底宽）种植穴，株行距170厘米，每亩230穴，挖穴土用在穴下方作埂。每穴种植胡枝子截干苗1株，穴面撒播草籽。该模式以草灌先行，种草灌促林，能在较短时间内控制水土流失，是陡坡地重建植被的有效途径。

小穴播草（图片来源：长汀县水土保持事业局）

于草籽或树籽着土、发芽、生长，严重制约了植物繁殖和植被恢复。面对这一问题，长汀当地结合当地地质条件和实际状况，创造性运用了人工改造坡面、播撒草籽的办法，以草先行，种草促林，利用草比灌乔更容易做到快速覆盖地表的优势，以人工干预的方式，实现较短时间内重建陡坡地植被的目的。

（四）草牧沼果循环种养

长汀县在治理水土流失的过程中，以江西、广西等地"猪沼果"模式为参照，在此基础上增加种草环节，所种植的草既增加地表的植被覆盖、抑制水土流失，又可以成为家畜的饲料，家畜所产生的排泄物又可以生产沼气或肥料，为农户提供生活所需的燃料或为农业种植提供肥料，改善土壤肥力，促进植物生长和绿化植被，各个环节相互循环、相互转化，成为一个完整的生态循环链。这种方式以草为基础，沼气或肥料为纽带，果、牧为主体，形成植物生产、动物生产与土壤三者连接一体的良性物质循环系统和能量优化利用系统，从而达到提高地表植被覆盖率，抑制农户砍柴割草等破坏行为，优化生态环境，治理水土流失，增加农户收入（发展果

草木沼果循环种养（图片来源：长汀县水土保持事业局）

在"猪沼果"模式基础上，增加种草环节，可治理水土流失，抑制砍柴割草（用沼气做饭、照明），沼液作果树肥料，达到零排放、无污染，又增加经济收入的良性循环。

业、养殖业），推动了经济效益与生态效益结合、经济社会与自然生态协调发展。

（五）茶果园坡改梯

长汀水土流失区域属于山地，不少地方坡度较大，土壤又以南方红壤为主，雨水的冲刷容易形成水土流失。为了调动当地百姓治理水土流失的积极性，增加当地人民的收入，推动生产发展，长汀当地通过林权改革，以拍卖、承包等方式将山林经营权、管理权转让给当地百姓。当地百姓虽然得到了山林经营权和管理权，但是苦于地质条件脆弱、水土流失严重，

茶果园坡改梯（图片来源：长汀县水土保持事业局）

　　对顺坡种植及梯田平台不达标的茶果园进行改造，做到前有埂、后有沟，并在田埂种草覆盖，田面套种豆科植物，使径流被沟、埂、草层层拦截、降速，达到泥沙不下山、雨水不冲埂的效果。

难以把山林管理好、把生产搞上去。往往一场小雨就会把土连带树苗、果苗冲走，直接破坏了山林绿化和农业生产发展。为了解决这一问题，在县政府技术人员的帮助下，对果园、茶园等坡地进行改造，将坡地整修成平台宽度加大的梯田（简称坡改梯），成梯状地逐级降低茶园、果园的坡度，这项措施既改善了地质条件，有效地降低了水土流失的风险，优化了果树、茶树等经济作物的生产条件，增加了当地百姓的收入，又有利于调动当地百姓发展生态农业、参与治理水土流失和保护生态环境的积极性，成为当地治理水土流失的有效办法。

　　（六）崩岗整治与生态护岸

　　长汀当地人民在治理水土流失过程中，探索出"上截、下堵、中间削、内外绿化"的崩岗治理方法，取得很好的效果。这种方法是在崩岗的顶部布设水平沟、排洪沟，防止水流直接冲沟，控制沟头的溯源侵蚀；在崩岗的中段，修建起挡土墙、拦沙坝和谷坊群，提高局部侵蚀基点；在崩壁修建水平阶，采用机械或其他办法，将崩壁坡度成梯状削平、降低坡度，同时修筑好排水设施，配合植树种草以稳固坡体，将土壤条件较好的崩岗修成梯田，种植果树、茶树等其他经济作物，以作物绿化护岗、以整岗工程保护地表植被。在崩岗下游修建拦沙坝或土石谷坊，拦截泥沙，防止泥沙下泄，危害农田、河道。

生态护岸可以防止河岸塌方，促使河水与河岸的土壤相互渗透，增强河道自我净化能力、优化水系的生态，河道护坡还可以在一定程度上优化自然景观、美化环境。长汀常年的水土流失带来了大量泥沙，使汀江水系泥沙淤积、河道堵塞，造成水患灾害，同时汀江水系还受到当地任意排放的生产生活污水污染，造成水资源安全的问题，进一步恶化汀江水系的生

崩岗整治（图片来源：长汀县水土保持事业局）

对支离破碎的山体所采用的"上截、下堵、中绿化"措施，即顶部开截水沟引走坡面径流，底部设土石谷坊拦挡泥沙，中部种植林草覆盖地表。图为削坡整治崩岗的方式。

在河边种植景观树种；在河滩湿地种植净化树种；对河道疏浚清淤；在河岸进行护堤绿化美化等，通过整治重建"自然型"河道。

生态护岸（图片来源：长汀县水土保持事业局）

态环境，治理汀江水系是长汀水土流失治理中一项重要内容。要优化汀江水系的生态环境，除了整治生活污水等污染源之外，生态护岸工程也是一项重要措施，通过河岸绿植、岸坡生态整治、河滩湿地整治、河道清淤等方式，防止河岸塌方、水土流失、洪涝灾害、水系生态失衡等问题，恢复河岸良好的自然生态和河道畅通，促进汀江水系生态的自我循环，恢复山清水秀的景象。

总体来说，科学治理是实现长汀水土流失根本性扭转的基础。为了形成科学治理的方略、彻底根治水土流失，长汀当地充分发挥高校、科研单位等机构科研力量的作用，建立了"院士专家工作站"以及"博士生工作站"等科研平台和基地，长期实践、不断摸索、持续攻关，在充分吸收当地百姓的智慧和创造的基础上，创造性地提出了一系列科学治理措施，为长汀水土流失治理提供强有力的理论和技术支持。正是有了这些针对性强、行之有效的科研成果和技术支持，长汀才得以战胜长期困扰当地百姓生产生活的顽疾，踏上"美丽家园"建设的新征程。可以这么说，没有科学治理就没有"大美长汀"的今天。

二、久久为功是关键

"柴"不可少，但只可智取。柴米油盐酱醋茶，老百姓赖以生存首先是一个"柴"字。长汀当地百姓也不例外，生活燃料离不开"柴"。但是，以前长汀当地民众一直沿袭着传统的生活燃料获取方式，生活用柴直接取自自然界，长期下来当地的森林不断遭到无序地砍伐或毁坏。据调查，1981—1989 年，长汀县年均消耗木材蓄积量 74.52 万立

古城镇梁坑生态村水土流失历史景象（图片来源：长汀县水土保持事业局）

古城镇梁坑生态村燃料问题：长汀民众在传统生活中流传下来的经验就是靠山吃山，燃料问题自然取自于山林。即便是水土流失已经非常严重的山林，多数民众依然根据自身习惯或其他主客观原因上山砍伐森林作为燃料。图为河田山上由于燃料的缺乏，被过度打枝的马尾松林。

方米，年均生长量仅 59 万立方米，年均净消耗 15.52 万立方米。长汀县直接用作薪柴的木材 33.34 万立方米，占总消耗量的 44.8%。[①] 由此可见，当地百姓传统的生活燃料索取方式对当地森林植被的损害也是相当大的，使得原本就很脆弱的长汀生态条件雪上加霜，地表植被覆盖率不断下降，加剧了当地的水土流失。如何解决长汀水土流失比较严重地区的百姓生活燃料问题，成为保护当地森林资源、治理水土流失的重要环节。

为此，长汀县政府作出"牵住牛鼻子，实行严封禁"的决定，严格

---

① 《长汀水土保持志》编纂委员会编：《长汀水土保持志》，第 68 页。

长汀县平价煤球供应（图片来源：长汀县水土保持事业局）

长汀为鼓励农民以煤炭代替烧柴，不但设立了平价煤炭供应点，而且给治理荒山的农民发放了煤球供应券，没有供应券购买煤球价格会略高。

封山禁伐、保护生态。2000年始，长汀当地"对水土流失区、生态公益林实行全封山，封山区域禁止打枝、割草、放牧、采伐、采脂和野外用火"[①]等。然而，砍柴烧火是当地百姓传统的生活习性，要推行封山禁令难度很大，当地政府想尽办法，出台了燃料替代、资金补贴和奖励等措施，引导当地百姓转变传统的生活方式。在当时的社会条件下，当地人普遍比较穷，封山后需要以煤炭或电力等代替山上砍来的柴作燃料，而以当地百姓的经济能力，他们无法承受也不情愿接受因改用煤炭或电作为生活燃料而增加的生活成本，因为在当地百姓看来，直接向自然伸手要柴既方便又几乎不需要花钱。为了促使当地百姓转变这一生活习性，当地政府一

---

① 《长汀水土保持志》编纂委员会编：《长汀水土保持志》，第97页。

方面加强政策宣传和思想教育，使当地百姓认识到水土流失治理与老百姓的切身利益密切相关。另一方面政府划拨专项资金，用于每家每户的煤炭补贴，帮助百姓解决生活成本问题，促进了当地百姓生活方式的转变。据悉，1993—1999 年福建省政府将此前每年拨付给长汀县 30 万元的煤炭补贴标准提高到每年 80 万元。[1] 除此之外，政府还用以奖代补的方式，鼓励当地百姓积极参与治理荒山的行动，如凡参与治理荒山的村民还可以得到煤球供应券作为报酬。"2000 年始，长汀县每年从省政府下拨的 1,000 万元治理水土流失项目款中划出部分资金，用于禁烧柴草、推广烧煤、烧沼气等补助，项目区 2.3 万农户发放煤球供应券，每日供应每户农户 5 个平价煤"。[2] 政府的这些举措有效地促进了当地百姓生活方式的转变，现在长汀当地百姓已经普遍用上了煤炭、天然气等燃料，极大减少了乱砍滥伐的现象，有力地保护了当地的森林资源。据统计，1987 年长汀全县比上年减少柴草消耗 17.27 万吨。其中，改柴草灶为省煤灶 21,884 户，年减少柴草 10.94 万吨；改节柴灶 58,130 户，年节省柴草 6.18 万吨。[3] 此外，长汀政府从 20 世纪 80 年代开始加大力度营造薪炭林，并积极推广兴建沼气池，鼓励当地百姓使用沼气燃料代替植物燃料。1987 年，长汀全县建沼气池 1,388 口，节省柴草 0.15 万吨，2000—2009 年，补助兴建沼气池 6,897 个，补助资金 551.76 万元。[4] 这一措施有效地解决了农民的生活燃料问题，减少了村民砍柴割草的现象，保护了山上的森林植被。

---

① 《长汀水土保持志》编纂委员会编：《长汀水土保持志》，第 115 页。
② 《长汀水土保持志》编纂委员会编：《长汀水土保持志》，第 115 页。
③ 《长汀水土保持志》编纂委员会编：《长汀水土保持志》，第 115 页。
④ 《长汀水土保持志》编纂委员会编：《长汀水土保持志》，第 115 页。

1952—1987 年长汀县封山育林情况一览表

年度	封山面积（万亩）	年度	封山面积（万亩）
1952	10.00	1953	79.00
1954	—	1955	—
1956	19.60	1957	0.90
1958	29.00	1959	—
1960	—	1961	—
1962	—	1963	19.50
1964	2.10	1965	20.40
1966	24.50	1967	—
1968	—	1969	—
1970	—	1971	10.20
1972	18.01	1973	76.00
1974	40.00	1975	40.00
1976	30.00	1977	30.00
1978	30.00	1979	30.00
1980	24.46	1981—1982	—
1983	42.26	1984	87.26
1985	92.87	1986	55.29
1987	—		

（数据来源：《长汀县志》）

　　用严格的法律法规约束民众的行为，促使其形成保护森林资源、生态环境的意识。政府除了以补贴和奖励的方式鼓励和引导当地百姓转变生活习惯之外，还制定严明的政策法规来保护森林资源，遏制乱砍滥伐的现象。众所周知，要改变村民多年的烧柴习惯并非一朝一夕之事，封山禁伐后依然会出现偷砍偷伐的现象。为了解决这一问题，各村都设立了专职护林员，每个村还制定了村规民约来约束盗伐行为，一旦偷砍偷伐被发现就要接受严厉的处罚，处罚的办法由村民集中共同参与制定，如最严厉的处罚方式是杀猪分给其他村民。

但是，单靠政府的管护和规则制度的约束显然难以彻底杜绝破坏森林植被、根治水土流失问题。要达到生态资源保护、水土流失治理的目的，还必须充分发挥人民群众的主体作用，只有广泛地把当地百姓发动起来，才能为治理水土流失注入强大的动力，达到全面治理的效果。为此，当地政府除了通过制度约束、财政激励机制，努力调动当地百姓保护森林植被、绿化造林的积极性、主动性之外，还通过制度创新，特别是依托林权制度改革，激发当地百姓保护森林植被、绿化造林的主动性。在改革开放不久后，长汀当地就通过"三定"的自留山林权制度，发挥当地百姓保护森林、植树造林、管理山林的主体作用，激发了当地百姓的造林绿化积极性，扩大了绿化面积。根据《长汀县志》记载，1981 年至 1983 年林业实施了"三定"（定山权、林权、管理权）政策，长汀县人民政府将集体荒山、疏林地

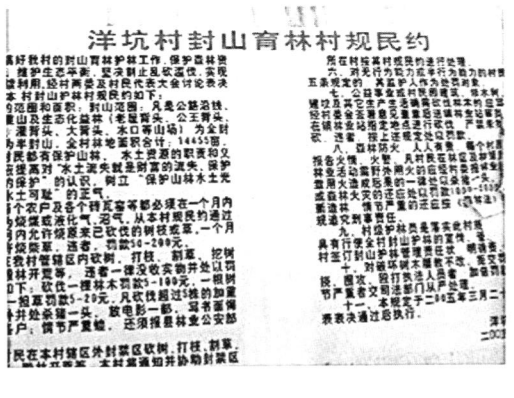

长汀县封山育林村规民约（图片来源：长汀县水土保持事业局）

重新划定，分给群众作自留山，并给自留山经营者颁发了"自留山经营证"①。据统计，长汀县共划农户44,918户267,521人，划分面积629,110亩，占应划户数47,693户的94.2%，占山地总面积的16.5%。户均14亩，人均2.2亩。自留山最多的是河田，户均25.1亩，人均4.2亩，划定后的自留山山权属集体，新造的林木权属个人②。自"自留山"林权制度改革实施以来，全县造林面积显著增加，1984年起，县育林基金重点使用，加强造林规划，强调规格质量，进行集体经营，改变了造林多成林少的现象。③从1981年起至1987年，长汀县共造林325,151亩，幼林抚育面积达778,254亩④，这项举措显著地改变了长汀当地的地表植被状况。长汀当地正是不断坚持正确的政策导向，持之以恒地抓绿化工作，改善当地的地表植被状况，才为最终实现水土流失的根本性治理奠定了重要的条件和基础。

在此基础上，长汀当地不断推进制度创新，以制度激励当地百姓绿化造林、治理水土流失的主体动力。围绕着水土流失治理这一战略性任务，长汀当地始终咬定青山不放松，持续不断推动植树造林、植被绿化工作。为了更好地推进这项工作，长汀当地在上级党委和政府的领导下，不断进行制度改革、制度创新，调动当地百姓的力量，提升水土流失治理能力、治理水平，提高治理效果。20世纪90年代开始，长汀又探索山地拍卖的路子，以拍卖的形式将山地的管理权、经营权赋予当地群众，进一步转换当地百姓的角色，变被动参与植被绿化、植树造林、水土治理为主动参与。

---

① 长汀县地方志编纂委员会编：《长汀县志》，第152页。
② 长汀县地方志编纂委员会编：《长汀县志》，第152页。
③ 长汀县地方志编纂委员会编：《长汀县志》，第157页。
④ 根据《长汀县志》数据整理，参见长汀县地方志编纂委员会编：《长汀县志》，第157页。

长汀县开展"三进"活动（图片来源：长汀县水土保持事业局）

　　大力开展"三进"活动，即水保政策进农村（如山地开发每亩补贴300元、允许治理开发成果继承、转让等）、水保知识进校园和水保法规进企业，活动充分调动了农民积极性。

1994年，长汀策武镇率先在2个村进行试点，将当地的荒山50年的使用权以每亩地20元的起拍价格拍卖给村民。也就是说，拍到的人拥有50年的山林使用权。通过体制机制的改革，把农民从过去的砍树人变成了治理水土的主体。农民拍到荒山后开始开荒种果，热情空前高涨，格外关心自己拍到的山林。虽然政府在拍卖时规定一年后如果没有种果树或治理不了荒山，政府将收回山林使用权，但是由于农民积极性非常高，一年后没有任何一块地因抛荒而被收回。从而，山定权，树定根，人定心。同时，有了山林使用权的确定，农民便有了更大的热情和动力去植树造林、绿化植被、发展绿色农业，等待山林带来的效益。这无形中将治理水土流失与鼓励当地民众发展绿色产业、改善当地人民生活统一起来，既减轻了政府的管护和治理压力，又让当地民众自觉地承担起水土流失治理的主体责任，并且从中获得了收益，有效地推动了水土流失治理工作。

为了综合推进水土流失治理，长汀当地坚持不懈地进行制度探索、制度创新。福建省将长汀水土流失治理列入民办实事项目之后，从2000年开始持续对长汀县进行财政资助，每年拨出1,000万元资金资助长汀县，相当于长汀

长汀县林权改革后村民进山育林（图片来源：长汀县水土保持事业局）

财政年收入的10%。虽然每年1,000万元对于长汀这个有名的贫困县来说数目不小，但是要改变长汀荒山连片的状态仅靠这笔资金远远不够。因此，长汀坚持用制度创新来激发当地百姓治理水土流失的积极性，为此出台了一系列相应的制度激励机制。长汀县政府作出了公益林由政府主导治理，商品林力推林权改革的决定。根据拍卖荒山的经验，县政府进一步建立了配套的产权制度，允许土地可以用入股、出租等多种方式进行流转，县政府在资金、技术、配套政策等方面给予扶持，鼓励拥有资金、资质的个人或企业参与绿化造林、绿色农业、水土流失治理和生态建设。长汀当地正是通过这些措施，更好地发挥市场机制作用，调动社会力量、社会资源参与水土流失治理工作，逐步形成党政领导、群众主体、社会参与的全面治理、系统治理、综合治理局面，有效地推动了水土流失治理工作的发展，并取得了一个又一个的治理成效。

三、真正的英雄是人民

长汀水土流失治理工作始终坚持"党政主导、群众主体、社会参与、多策并举、以人为本、持之以恒"的基本原则，在当地党委、政府的领导下，各方力量共同推进水土流失治理工作。在水土流失治理过程中，当地群众是治理水土流失的主体力量，长汀当地政府以人民群

保护生态环境、治理水土流失与民俗活动相结合
（图片来源：长汀县水土保持事业局）

保护生态环境、治理水土流失的理念已经深入人心。老百姓在闹元宵时节，也打出了生态保护的旗号。

众的根本利益为治理工作的出发点和归宿点，充分尊重人民群众的首创精神，凝聚全县人民的力量，攻坚克难，坚持不懈地治理水土流失、改善当地生态环境，最终换来了满眼望见的绿水青山。在治理过程中，当地百姓充分发扬了革命老区自力更生、艰苦奋斗的优良传统，涌现出许许多多参与植被绿化、发展生态农业、治理水土流失的草根英雄。

当地政府为了鼓励当地百姓治理水土流失的积极性，以拍卖的方式将连片荒山的管理权、使用权转让出去，当地百姓将拍卖得来的荒山开荒并种上果树，发展绿色农业。但是，这些常年遭受水土流失的山地，地质条件脆弱，土壤贫瘠，要想改造好让它给自己带来财富没有想象中那么容易。许多满怀热情的农民在荒山改造中遭遇了难以想象的困难，他们正是依靠自力更生、艰苦奋斗的精神，才最终将荒山治成花果山。这些许许多多的绿色种植能手的典型事迹充分体现出人民群众是水土流失治理的主体力量。

治荒种植大户黄金养（图片来源：长汀县水土保持事业局）

黄金养，被当地人称为"不服老的黄老汉"。他在水土流失治理过程中，主动要求治山，1999 年开始就承包了一片约 300 亩的崩山（遭受严重水土流失的崩坍山地），种植梨、桃、油奈等果树和茶树。2001 年，他再次承包 500 亩荒山种植杨梅。进入 21 世纪，黄金养最高峰时种植了 1,000 多亩杨梅树。时至今日，他还种植了 200 多亩茶叶和 500 多亩苗木，苗木品种有桂花、罗汉松、含笑、红叶石楠等 20 多种，数量达几十万株。黄金养还带领起了村民一起发展绿色产业，既无私地传授村民种植技术，又亲自帮助村民拓宽销售渠道，还将有意向的村民拉进苗木专业合作社，形成了"合作社＋农户"种植发展模式。截至目前，全乡 5 亩以上的种植户达到了 190 户。在他的带动下，当地村民大力发展绿色产业，如此一来，原本满目疮痍的山地，放眼望去不但漫山郁葱，而且绿色产业还增加了当地村民的收入，对本地经济的发展起到了重要的推动作用。如今，杨梅成了三洲镇的一张生态名片，在治理水土流失过程中，当地先后种植了杨梅 12,260 亩，昔日的"火焰山"变成"花果山"，三洲镇的杨梅基地也成为福建单体面积最大的杨梅基地。

沈腾香，南坑村党支部书记。南坑村水土流失较为严重，人民生活水平普遍偏低，生活艰难，又被称为"难坑"。建设初期，农民自己开发种植银杏。因为水土流失导致土地贫瘠，每种养一棵树要比正常土地多花三分之二的成本。虽然政府每亩地每年已经补贴了 300 元，但养护好所种的树苗使之成林，政府的这些投入远远不够，剩下的资金缺口仍然很大，这是当地农民负担不起的。在沈腾香的带领下，南坑村吸引社会资金、社会力量，将发展绿色经济和绿化植被、治理水土流失结合起来，成功解决了资金难题。据悉，1999年10月，南坑村引进了厦门树王银杏有限公司，发展银杏产业，投入了300多万元，种植了2,309亩银杏。银杏树种下后，公司继续借资给农民养护银杏树，待银杏树有产出收益后再偿还所贷资金，即使种植下去12年以后，依然有

全国三八红旗手、生态环境保护和水土治理领头人沈腾香（图片来源：长汀县水土保持事业局）

40%的银杏树没有结果，该公司仍继续为当地种植户提供资金养护银杏树。在这一产业发展方式之下，12年后的南坑村银杏林已经具备规模，农民也看到了盈利的希望，更积极地参与发展绿色经济的行动中，使得当地的植被得到进一步改善，有效地遏制了水土流失。在此基础上，沈腾香带领南坑当地百姓，建立了银杏生态园，实施了"山、水、田、园、路、房"建设，实践出"公司＋基地＋农户"的绿色发展模式，走出了绿色发展的新道路，南坑村也因此成为南方人工培育和种植银杏治理水土流失面积最大、最成功的村，成功地将南坑村变成今天美丽的生态村。

　　马雪梅，又称女"愚公"。马雪梅老家在山东青岛，嫁到长汀濯田。濯田也是水土流失严重的地区，当地百姓生产生活困难，但马雪梅并没有因此畏惧和退缩，在政府的扶持帮助下，承包了南安村"塘尾角"水土流失

新时代女"愚公"马雪梅（图片来源：长汀县水土保持事业局）

的荒山，发展了绿色种植业。在成功之前，她也经历了水土流失带来的经济损失的沉重打击。创业初期，树苗刚刚种下去，哪怕一场小雨都会将泥土连带树苗一起冲走。后来在长汀县水保局的技术支持下，她解决了储水以及在地表通过绿植保护水土等问题。但是种草、施肥、改善土质等所投入的时间、人力和成本，远远超出了她的想象。她不但花光了自己所有的积蓄，而且还欠下了 30 万元的债，生活异常艰难。即便如此，她并没有被困难吓倒，在强大的意志支撑下，先后开垦了 600 余亩的荒山，种上了上万株的桃树、梨树、板栗树，并套种了花生、西瓜、小米椒等农作物。在种植农作物的基础上，又建起了年出栏上千头的猪场和沼气池，成功进行了良性循环的"生态种养"。而后，随着生活一步步好起来、富起来、奔小康之后，当地百姓的利益需求也由过去的"盼温饱"转向了现在的"盼环保"；过去的"求生存"也转变为现在的"求生态"，为了建设一个山清水秀的生态长汀，马雪梅也积极响应政府的号召，带头关闭、拆除了猪场，专注发展绿色农业。

兰林金，又称"断臂铁人"。他身有残疾却矢志治荒，被福建省总工会授予"最美劳动者"称号。虽然长汀异常严重的水土流失造成了当地百姓生活艰苦贫穷，但兰林金骨子里始终有种不服输的精神。他租下了三洲镇 2,270 亩的荒山，开始种植油茶、毛竹、苦竹、黄栀子等。2013 年，他在长汀

三洲镇"断臂铁人"、开荒种植能手兰林金（图片来源：长汀县水土保持事业局）

水保部门支持下，在红旗岭上开发种植了 150 亩的黄栀子，养了 700 多只河田鸡和 200 多只鸭子，还种植 100 亩香樟和桂花树，在红旗岭上建 100 个蓄水池。他用断臂征服了荒山，让红旗岭绿起来、美起来。

这些长汀的"愚公"们，用大半生精力，把荒山变成"绿色银行"。他们还将吃苦耐劳、艰苦奋斗的精神传承给了自己的下一代，正是依靠一代代的接力奋斗，才换来长汀生态的新面貌、当地百姓的新生活。如今，长汀当地不但实现了水土流失状况根本性转变，生态环境越来越美丽，而且还给当地人民提供了新的产业发展机会，吸引了不少到城里生活和"走出去"的年轻人回到家乡创业。他们继承了父辈的"绿色事业"，成了人们口中的"绿二代"，生动地诠释了绿水青山就是金山银山的发展理念。

赖金养决定承包 1,050 亩山场种植板栗，22 岁的儿子俞永祥舍弃在厦门月薪万元的工作回家挑起"绿色传承"的担子。虽然赖金养只读到小学三年级，文化程度不高，但是她一旦认准一件事情，就专注到底。开发荒山、种植板栗是她认准的事情，多年的坚持让她积累了很多经验，板栗从树苗种植、养护到开花挂果，浇水、施肥、病虫害防治，她都摸得一清二

巾帼能人赖金养（图片来源：长汀县水土保持事业局）

楚，成为当地种植板栗的能手。儿子俞永祥在母亲的经验基础上，运用现代设备、科技手段、网络营销，把种植、采摘和销售整合成产销一体化的链条，板栗种植业越做越大。

大学毕业的林鑫荣，追随父亲林慕洪守护着万亩油茶林；黄金养老汉的儿子黄阎海，放弃上海的工作，从城市回到山乡帮父亲打理茶山、果园；河田镇伯湖村三名大学生毕业回乡成立了福建新农人生态农业有限公司，依托现代农业建设生态扶贫产业基地，打造生态旅游庄园。他们给长汀的生态建设带来新视野、新技术，也为长汀生态产业发展提供了新方向。正是一代又一代的长汀人民始终聚焦水土流失问题，不懈奋斗，接续绿化植被、发展绿色经济、治理水土流失，才使长汀水土流失状况得到根本性好转，而今长汀已迈向生态文明建设的新征程。

四、党的领导是根本

可以这么说，长汀经验就是长汀人民在党的领导下铸就的丰碑。长汀水土治理之所以能获得今天的成效，离不开从中央到地方各级政府长期持续的推动。习近平曾高瞻远瞩地提出长汀当地应发展生态农业的主张，当时当地的民众还无法理解治理水土流失与发展生态农业之间的深刻联系，他们仅把治理水土流失看作花钱的工程。当地政府为了推动水土流失治理工作，充分发挥自身的领导作用，引导当地民众转变生产生活观念，发展绿色经济，将绿色产业与水土流失治理结合起来，最终取得水土流失治理的决定性胜利，实现了绿富共赢，当地人这才深刻地体会到习近平的远见卓识。

长汀水土流失治理取得根本性胜利离不开福建省委、省政府的领导、关心和支持。长汀水土流失问题很早就引起了福建省委、省政府的重视，福建省委、省政府倾注力量，决心把水土流失问题彻底治理好。1983年以来，项南先后四次到长汀调研水土流失治理工作，对长汀水土保持倾注了无限的深情，河田极强度水土流失的综合治理，成为福建省水土保持工作的重点，省政府组织林业、水保、水利、农业等"八大家"部门，在长汀河田开展水土流失治理的攻坚战。

第一次：1983年4月2—3日，时任福建省委书记项南和温秀山、张渝民等省领导，带着专家、科技人员专程来到河田视察水土保持工作。他跋山涉水，走访群众，召开座谈会。在八十里河，他跟随行人员边看边聊，聊出了以后广为流传的《水土保持三字经》。

第二次：1986年5月11日，项南卸任省委书记、赴京任职前夕，又特地来到河田，察看了罗地人工草场、八十里河小流域示范治理区和风流岭稀土示范生产矿点，并欣然题词："八十里河今胜昔，风流岭上土变金。"

第三次：1991年4月14日，时任中顾委委员、中国扶贫基金会会长的项南，带着江苏、上海的一批专家、学者，来到河田考察水土保持工作。看到长汀已托起绿色的希望，他高兴地说："你们要再接再厉，在治理水平上要再上新台阶。"

第四次：1994年9月25日，76岁高龄的项南第四次风尘仆仆来到河田，视察水土流失治理情况，并为河田水保农业综合开发区题词，对水土保持提出了新的要求：要搞综合开发，建立河田水保农业综合开发区。

长汀人民深深怀念项南对水土流失治理工作的丰功伟绩，自发建起了项公庙、项公亭与项公园。他提出的《水土保持三字经》通俗易懂地阐述

长汀县水土保持科教园中的项南雕像（图片来源：长汀县水土保持事业局）

从长汀水土治理经验来看，林业建设在水土保持工作中起到了极为重要的作用。福建省委原书记项南十分关心重视长汀县河田镇的水土保持工作。不仅在担任福建省委书记期间，而且在担任中顾委委员、中国扶贫基金会会长之时，都曾专程来到河田视察水土保持专项工程。他每次跋山涉水，深入调查，走访群众，召开座谈会，都给长汀治理水土流失工作送来了治山治水良策。如今的河田这片"闪着可怕血光"的山坡，已变成了花山绿海。植树造林的大力提倡铸就了一座座碧绿青山，也成为一座座纪念项南同志的永恒丰碑。图为长汀县水土保持科教园中的项南雕像，长汀人民为了怀念项南同志对水土流失治理工作的丰功伟绩，还自发在水保科教园建起项公庙、项公亭与项公园。

了水土流失治理的科学原理和方法，至今仍然熠熠生辉，是中国水土保持的宝贵财富。

长汀水土流失问题实现根本性扭转更是离不开习近平的精准把脉、深情关切和殷殷嘱托。习近平非常关心、牵挂长汀水土保持工作，曾先后5次赴长汀考察调研。1999年，时任中共福建省委副书记、代省长习近平专程到长汀考察水土保持工作，长汀县迎来了治理水土流失历史上的第二个里程碑。在考察中，习近平听取了长汀县关于过去10多年里水土流失治理情况及未来治理规划的汇报，当他得知长汀水土流失面积仍超百万亩时，语重心长地对在场的领导说："长汀水土流失是'癞痢头'、是顽症，久治不愈，1983年项南书记专门研究治理，至今人民怀念，寄予希望，但'革命尚未成功，同志仍须努力'。"[①]

2000年1月8日，针对长汀水土流失的情况，习近平作了批示："搞好

① 中央党校采访实录编辑室：《习近平在福建》（下），第149页。

水土保持是可持续发展战略的一项重要内容，应引起我们的高度重视。项南同志在福建工作时，就十分重视抓长汀县的水土流失综合治理，我们应继续做好这项工作。请省直有关部门于近期听取一次龙岩市委、市政府和长汀县委、县政府的有关工作汇报，帮助长汀县搞好水土保持生态环境建设规划的论证，并拨给适当前期经费。同意将长汀县百万亩水土流失综合治理列入省政府为民办实事项目和上报长汀县为国家水土保持重点县。为加大对老区建设的扶持力度，可考虑今明两年由省财政拨出专项经费用于治理长汀县水土流失。"① 当年 2 月，"开展以长汀严重水土流失区为重点的水土流失综合治理"被列为福建省 15 件为民办实事项目之一，确定每年由省级有关部门扶持 1,000 万元资金。长汀大规模治山治水的大幕就此拉开。

2001 年 10 月 19 日，习近平又一次对长汀水土保持工作作出批示："1. 再干八年，解决长汀水土流失问题。2. 应纳入国民经济规划，请省计委安排。3. 按 2001 年资金安排规模和渠道形成拼盘意见，还要增加多渠道投资的措施，请省计委、省财政研究。4. 长汀河田是重点，还要统筹全省其他地方，但要突出重点。"② 同年 10 月 13 日上午，他以全国人大代表的身份再一次到了长汀，并前往河田世纪生态园细心地为他捐种的编号为"A-32-01"的樟树培土、浇水。他在听取长汀两年来水土流失治理的情况后说："水土保持是生态省建设的重要内容，又是生态省建设最薄弱的地方，对水土流失特别严重的地方要重点治理，完善治理机制，拓宽投资渠道，真正把水土流失治理这项工作作为提高为人民服务质量的大事抓紧抓实，以点带面，总结经验，对全省水土保持工作起到典型示范作用。"③

2002 年，时任福建省长的习近平提出明确的目标要求："就是经过 20

---

① 中央党校采访实录编辑室：《习近平在福建》（下），第 152 页。
② 中央党校采访实录编辑室：《习近平在福建》（下），第 156 页。
③ 中央党校采访实录编辑室：《习近平在福建》（下），第 154 页。

年努力奋斗，把福建建设成为生态效益型经济发达、城乡人居环境优美舒适、自然资源永续利用、生态环境全面优化、人与自然和谐相处的经济繁荣、山川秀美、生态文明的可持续发展省份。"[1] 根据这一目标要求，福建省就生态省建设作出全面规划，重点解决以环境污染为代价搞经济建设这一突出问题，妥善处理围垦养殖与水域保护、矿产开采与植被保护之间的关系，着力保护好山海资源、湿地资源，解决水体污染、大气污染、"白色"污染、噪音污染等环保问题。此外，结合产业调整升级，还要认真解决因产业结构不合理带来的环境污染和生态破坏问题，坚决杜绝"夕阳工业"。

在习近平的关心、支持和嘱托下，长汀当地在上级党委、政府的领导下，持之以恒、坚持不懈地推进水土流失治理，取得了可喜的成绩，越来越多的荒山绿起来了，绿色农业发展起来了。2004年6月10日，长汀人民给已调往浙江工作的习近平捎去一篮产自长汀水土流失区的杨梅。习近平当天即回信："欣悉你县几年来全力开展水土流失综合治理，并取得了较好的生态、经济和社会效益，我感到由衷的高兴。希望你们再接再厉，以全面根治为目标，切实把这一工程抓紧抓实抓好，把长汀建设成为环境优美、山清水秀的生态县。"[2]

2011年12月10日，时任中共中央政治局常委、中央书记处书记、国家副主席的习近平对在《人民日报》刊载的《从荒山连片到花果飘香，福建长汀——十年治荒　山河披绿》一文作出重要批示："请有关部门深入调研，提出继续支持推进的意见。"[3] 遵照习近平的指示，2011年12月21日至24日，中共中央政策研究室会同国家发改委、财政部等七部门组成联合调研组，到长汀调研后，向习近平提交了《关于支持福建长汀推进水土流

---

[1]　中央党校采访实录编辑室：《习近平在福建》（下），第45页。
[2]　《长汀水土保持志》编纂委员会编：《长汀水土保持志》，第20页。
[3]　中央党校采访实录编辑室：《习近平在福建》（下），第158页。

失治理工作的意见和建议》。

2012 年 1 月 8 日，时任中共中央政治局常委、中央书记处书记、国家副主席的习近平在中共中央政策研究室等七部门组成的联合调研组提交的报告上作出重要批示："同意中央七部门联合调研组关于支持福建长汀推进水土流失治理工作的意见和建议。长汀曾是我国南方红壤区水土流失最严重的县份之一，经过十余年的艰辛努力，水土流失治理和生态保护建设取得显著成效，但仍面临艰巨的任务，长汀县水土流失治理正处在一个十分重要的节点上，进则全胜，不进则退，应进一步加大支持力度。要总结长汀经验，推动全国水土流失治理工作。"[①] 短短一个月内，习近平对长汀水土流失治理工作两次作出重要批示，充分体现了党中央和中央领导对老区人民的深切关怀，对长汀老区水土流失治理工作的重视，对老区科学发展的殷切期望。在习近平重要批示的激励下，长汀人民更加热火朝天地投入新一轮水土流失治理工作中。

2012 年 3 月 7 日，时任中共中央政治局常委、中央书记处书记、国家副主席的习近平在十一届全国人大五次会议期间，看望福建省代表团全体代表时，发表了重要讲话，对长汀水土流失治理工作又再次作了重要指示："项南同志在担任福建省委书记时就亲自倡导抓长汀水土流失治理工作。我担任省领导后接着抓，取得了一些成效。2001 年，我提出要再干八年，解决长汀水土流失问题。最近，我又连续两次对长汀水土流失治理情况作了批示，要求认真总结长汀经验，坚持以点带面，促进全省和全国水土保持工作和生态建设，并要求有关部门给予支持。希望省委、省政府认真总结推广长汀治理水土流失的成功经验，加大治理力度，完善治理规划，掌握治理规律，创新治理举措，全面开展重点区域水土流失治理和中小河流治理。对这项功在当代、利在子孙后代的事情，一定要一任接着一任锲而不

---

① 中央党校采访实录编辑室：《习近平在福建》（下），第 158 页。

舍地抓下去，一抓到底，切实抓出实效。"①

回顾长汀水土流失治理的整个历程，其决定性胜利是在以习近平同志为核心的党中央领导下取得的。习近平的高度重视和亲切关怀，对推动长汀水土治理起到决定性作用。习近平对长汀治理水土流失的思考与把脉，对长汀的生态情怀，折射出习近平清晰、科学的生态文明理念，长汀水土流失治理的成功实践使得长汀成为"绿水青山就是金山银山""生态兴则文明兴、生态衰则文明衰"等科学思想的起源地，也成为我党践行习近平生态文明思想的实践地。

总之，党的坚强领导是长汀水土流失治理成就取得的根本所在。改革开放以来，中央和福建省、市、县各级党委、政府对水土流失治理工作高度重视，加强领导，人大、政协大力支持，纪检监察机关主动监督服务。历届长汀县委、县政府把水土流失治理作为重大任务，各级相关部门关心、指导、支持，协同作战，形成水土流失综合治理的强大合力，推动着长汀朝着绿色发展之路、生态文明之路不断前进。

---

① 中央党校采访实录编辑室：《习近平在福建》（下），第158—160页。

第四章

长汀经验　高质量发展的美丽前景

　　过去的文明尤其是工业文明的生产生活方式虽然在一定程度上给人类社会尤其是西方资本主义社会带来繁荣和发展，但是发展过后却是层出不穷的环境问题、生态危机，严重威胁了西方人的生产生活，也危及了人类社会的生存发展。马克思恩格斯深刻批判了资本主义工业文明不恰当的生产方式和生活方式，指出了资本主义工业文明下生态问题产生的深层次制度根源，探讨了解决生态问题的科学路径，描绘出人类社会的美好前景，形成了马克思主义自然生态观。以习近平同志为主要代表的中国共产党人创造性地运用了马克思主义自然生态观，把它同中国具体实际尤其是中国特色社会主义建设进程中生态文明建设的具体实际相结合，同中华优秀传统文化中所蕴含的人与自然的生态智慧相结合，创立了习近平生态文明思想。长汀当地在习近平新时代中国特色社会主义思想的指引下，坚定不移地贯彻习近平生态文明思想，全方位、全领域、全过程地推进水土流失治理，取得了决定性胜利，为当地的高质量发展创造了新优势。当前，长汀人民在党的领导下利用生态文明建设创造的新优势，乘势而上，全面开启美丽长汀建设的新征程，奋力书写长汀当地高质量发展的美丽篇章，共同绘就美丽中国的壮美画卷。长汀经验是在不断回答生态文明建设和高质量发展进程中所面临的新课题、新问题形成的新经验，它正以自身的成功实践经验生动展现习近平新时代中国特色社会主义思想的实践伟力，进而充分证明马克思主义"行"、中国共产党"能"和社会主义"好"。

理论链接——建设美丽中国

中国共产党生态文明建设思想是以马克思主义生态观为基础，继承了中华优秀传统文化中所蕴含的生态观，同时还吸取了工业文明错误的发展方式、生活方式所带来的深刻教训，以及吸收了国外关于生态环境建设的合理经验的基础上形成发展起来的。马克思主义生态观是中国共产党生态文明建设思想产生的理论来源，中国共产党生态文明建设思想正是把马克思主义生态观同中国特色社会主义生态文明建设实践相结合，在不断回答中国特色社会主义建设实践中所面临的生态环境问题、深刻总结中国生态文明建设实践的基础上形成发展起来的，它的形成发展证明了马克思主义的科学真理。

一、马克思恩格斯的生态观

19 世纪中叶，得益于资本主义生产关系及其制度，资本主义世界出现了第二次工业革命，生产力飞速发展。然而，资本主义社会的蓬勃发展、表面繁荣的背后，却是以资源浪费和环境污染等生态危机为代价的。马克思恩格斯在致力于无产阶级和全人类解放事业的同时，同样关注资本主义生态问题，他们关于人与人、人与社会、人与自然协调发展等的生态观蕴含在对资本主义社会的批判和对未来美好社会——共产主义社会的畅想中。

首先，马克思恩格斯认为未来的社会应是人与自然辩证统一、协调发展的社会。在他们那里，自然界是"人的无机的身体"[①]，是人类生存和发展的先在条件，具有客观的先在性。"人是自然界的一部分"[②]，是在自然界

---

① 《马克思恩格斯文集》（第一卷），人民出版社 2009 年版，第 161 页。
② 《马克思恩格斯文集》（第一卷），第 161 页。

中进化的产物，人类必须依靠自然界存在。自然界为人类提供了生存和发展的基本条件和物质基础，离开自然界，人类将无法生存，更谈不上发展，不管人类的思想如何进步、技术如何先进、改造世界的能力如何强大都不能摆脱自然规律的制约和限制。同时，人类对自然界又具有主观能动性。人类虽然是自然界的一部分，但又有别于其他自然存在物，具有主观能动性。人类通过自身的劳动实践不断改造自然界，劳动实践既是连接人类与自然关系的纽带，也是人类与自然实现统一的最主要形式。在马克思恩格斯看来，"劳动首先是人和自然之间的过程，是人以自身的活动来中介、调整和控制人和自然之间的物质变换的过程"①，人类既通过实践活动来了解和认识世界、协调人与自然的关系，又通过实践活动，按照自身的目的，改造世界，由此形成了人与自然、人与人、人与社会的种种关系。马克思恩格斯认为，人类在利用和改造自然的过程中，如果能够尊崇、顺应自然规律，自觉调整、控制自身的劳动实践活动，就能实现自然生态系统的稳定和平衡，自然资源就能按照自身的规律实现再生或循环，满足人与自然之间的物质交换，自然也就能形成良性循环的人化自然，实现人与自然的协调发展、辩证统一。

因此，马克思恩格斯主张人类应与自然界和谐相处、协调发展。在马克思恩格斯看来，人类要实现人与自然的协调发展、辩证统一，人类主观能动性的发挥只能建立在人类是自然界的一部分这一基础之上，尊重自然规律、自然的承载力，合理地利用和开发自然，不能随心所欲地攫取自然资源，肆意地破坏自然环境。他们指出"不以伟大的自然规律为依据的人类计划，只会带来灾难"②，如果人类以自身为中心，不顾自然界的客观规律，迫使自然对象无条件地服从自身，毫无节制地利用、破坏自然生态系

---

① 《马克思恩格斯文集》（第五卷），人民出版社 2009 年版，第 207—208 页。
② 《马克思恩格斯全集》（第三十一卷），人民出版社 1972 年版，第 251 页。

统，不但不能达到人类自身的目的，而且还将受到自然界的报复。对此，恩格斯也曾告诫说，"我们不要过分陶醉于我们人类对自然界的胜利。对于每一次这样的胜利，自然界都对我们进行报复"[①]。

其次，马克思恩格斯认为资本主义生产关系决定了资本主义制度下人与自然关系的性质、人对待和处理自然的态度。资本的利益本性决定了资本主义生产关系必然造成生态环境的破坏，造成人与自然、人与人、人与社会关系的扭曲。1839 年初，恩格斯在《乌培河谷来信》中，曾揭露了乌培河流域严重的环境污染状况，并在《英国工人阶级状况》等其他一些文献中描述了工人恶劣的生活条件和资本主义生产条件下环境污染现状等问题，深刻地指出资本主义生产方式是生态环境问题产生的根源。因为在资本主义工业文明下，资本的噬利性必然驱使资本家对包括自然资源在内的一切生产资料的霸占和对自然资源、生态环境的无尽索取，必然导致人与自然的失衡、生态环境的破坏，酿成生态危机，如资本主义工业文明兴起时，英国资本家为了获取生产资料，进行"羊吃人"的圈地运动；为了获取高额利润，将工业垃圾、废弃物任意排放，造成大气、水资源、生活空间等污染；发动对外侵略战争、抢占殖民地、掠夺他国的资源、破坏别国的自然环境等，资本主义工业文明越发展对自然生态系统的破坏就越厉害。资本主义生产关系和资本的本性是人与自然、人与人、人与社会关系扭曲的根本原因，它们之间扭曲的关系本质上都是资本逻辑的实现。也正是基于此，在马克思恩格斯那里，资本主义工业文明的发展史既是一部血淋淋的掠夺史，也是一部对自然资源的攫取史、对生态环境的破坏史。

据此，马克思恩格斯认为，只有消灭资本主义制度，废除资本主义私有制，才能实现无产阶级和全人类的解放，才能最终实现人与自然的协

---

① 《马克思恩格斯文集》（第九卷），第 559—560 页。

调发展。马克思恩格斯指出，资本主义世界的生态问题是资本主义工业文明的生产方式、生活方式造成的，要解决资本主义的生态危机，一方面要求人类正确认识自然规律、尊重自然，按自然规律办事。他们认为人类要"一天天地学会更正确地理解自然规律，学会认识我们对自然界习常过程的干预所造成的较近或较远的后果"①，懂得顺应自然，协调好人与自然的关系。另一方面，更重要的是必须推翻资本主义制度，用生产资料公有制代替资本主义私有制，"把资本变为公共的、属于社会全体成员的财产"②，"把一切生产工具集中在国家即组织成为统治阶级的无产阶级手里"③，建立起共产主义制度，才能从根本上消除资本的社会性质和阶级性质，才能解决生态问题，实现人与自然的和谐发展。

因此，在马克思恩格斯那里，共产主义社会应是人与自然、人与社会、人与他人协调发展的社会。在马克思恩格斯看来，"社会化的人，联合起来的生产者，将合理地调节他们和自然之间的物质变换，把它置于他们的共同控制之下，而不让它作为一种盲目的力量来统治自己；靠消耗最小的力量，在最无愧于和最适合于他们的人类本性的条件下来进行这种物质变换"④，在马克思恩格斯看来，只有"联合起来的生产者"才能合理地调节人与自然的关系，才能克服物欲统治、资本的逻辑，真正按照人类的本性进行物质变换，避免资本主义生产方式、生活方式带来的生态问题，实现人与自然的和谐共生，而由"联合起来的生产者"组成的"自由人联合体"社会就是共产主义社会。由此可见，人与自然、人与人、人与社会协调发展是马克思恩格斯所揭示的共产主义社会题中应有之义，成为人与自然关系最合理的形式。从实践来看，共产主义的价值目标正是通过协调人与人、

---

① 《马克思恩格斯文集》（第九卷），第 560 页。
② 《马克思恩格斯文集》（第二卷），第 46 页。
③ 《马克思恩格斯文集》（第二卷），第 52 页。
④ 《马克思恩格斯文集》（第七卷），第 928—929 页。

人与社会、人与自然的关系，统筹经济、政治、文化、社会、生态各方面发展，尊重自然规律，科学合理地利用自然资源，创造出丰富的物质文化产品和优质的生态产品，满足广大人民群众物质文化需求和优美生态环境需求，进而实现人与自然的和谐共生、人的自由全面发展。

第三，马克思恩格斯强调未来的社会应是节约资源、循环利用、可持续发展的社会。马克思恩格斯虽然没有明确提出可持续发展的概念，但是这一思想充分体现在他们对资本主义社会无情的批判和对共产主义社会的畅想中。马克思恩格斯曾指出："资本主义生产使它汇集在各大中心的城市人口越来越占优势，这样一来，它一方面聚集着社会的历史动力，另一方面又破坏着人和土地之间的物质变换，也就是使人以衣食形式消费掉的土地的组成部分不能回归土地，从而破坏土地持久肥力的永恒的自然条件。"[①]毫无疑问，要改变生态环境恶化的状况，就必须改变资本主义工业文明的生产生活方式。为此，他们还专门讨论了废弃物、排泄物等的循环再利用问题，主张通过改变资源利用方式、提高资源利用效率等，实现资源节约、循环发展、可持续发展的目的。马克思将排泄物分为生产排泄物和消费排泄物两类，"我们所说的生产排泄物，是指工业和农业的废料；消费排泄物则部分地指人的自然的新陈代谢所产生的排泄物，部分地指消费品消费以后残留下来的东西"[②]。马克思对消费排泄物不能回到土地循环利用反而造成巨大的浪费和环境污染感到痛惜，批评了资本主义社会处理消费排泄物的方式。他指出："在利用这种排泄物方面，资本主义经济浪费很大；例如，在伦敦，450万人的粪便，就没有什么好的处理方法，只好花很多钱来污染泰晤士河。"[③]

---

① 《马克思恩格斯文集》（第五卷），第 579 页。
② 《马克思恩格斯文集》（第七卷），第 115 页。
③ 《马克思恩格斯文集》（第七卷），第 115 页。

　　他们主张资本主义工业生产过程中所产生的废弃物应该在各阶段的生产和消费中得到有效的循环利用，"应该把这种通过生产排泄物的再利用而造成的节约和由于废料的减少而造成的节约区别开来，后一种节约是把生产排泄物减少到最低限度和把一切进入生产中去的原料和辅助材料的直接利用提到最高限度"[1]。马克思还断言，"生产排泄物和消费排泄物的利用，随着资本主义生产方式的发展而扩大"[2]，人类可以依靠"科学的进步，特别是化学的进步，发现了那些废物的有用性质"[3]，通过提高资源的利用效率和循环再利用水平，减少资源能源的浪费和各类排泄物带来的环境污染问题等，从而降低工业垃圾、生活垃圾等对生态环境造成的压力，更有效地保护生态环境。由此可见，马克思恩格斯十分重视资源节约、循环再利用问题，他们关于生活废料、工业废料再利用的思想主张充分体现出马克思恩格斯提倡能源资源节约、循环发展、可持续发展的思想，他们的这些思想主张充满着生态文明的智慧，毫无疑问是他们所畅想的未来理想社会应坚持的生态文明方式。

　　马克思恩格斯的生态观对于我们今天的生态文明建设具有重要的价值。中国共产党生态文明建设思想是在马克思恩格斯的生态观基础上，紧紧结合中国特色社会主义生态文明建设实践，进一步丰富发展形成的科学理论体系，它对于指导中国的生态文明建设和全面建设社会主义现代化强国具有重大的理论意义和实践意义。

二、美丽中国的愿景

　　中国共产党生态文明建设思想继承了马克思恩格斯的生态观，并结合

---

[1]　《马克思恩格斯文集》（第七卷），第117页。
[2]　《马克思恩格斯文集》（第七卷），第115页。
[3]　《马克思恩格斯文集》（第七卷），第115页。

中国社会主义现代化建设和生态文明建设实践不断加以丰富发展。美丽中国就是中国生态文明建设和社会主义现代化建设的重要目标，它是人与人、人与社会、人与自然和谐发展的美好状态，有力地支撑经济社会的高质量发展，促进人的全面自由发展。2012年，党的十八大把"美丽中国"确定为生态文明建设的宏伟目标，深刻地反映出中国共产党人对中国特色社会主义事业规律性把握到了新的科学高度。党的十八大报告明确指出，"建设生态文明，是关系人民福祉、关乎民族未来的长远大计。面对资源约束趋紧、环境污染严重、生态系统退化的严峻形势，必须树立尊重自然、顺应自然、保护自然的生态文明理念，把生态文明建设放在突出地位，融入经济建设、政治建设、文化建设、社会建设各方面和全过程，努力建设美丽中国，实现中华民族永续发展"[1]，并强调"我们一定要更加自觉地珍爱自然，更加积极地保护生态，努力走向社会主义生态文明新时代"[2]。党的十八大站在历史和全局的战略高度，作出了包括生态文明建设在内的"五位一体"总体布局的战略部署，美丽中国就是生态文明建设要实现的战略目标。美丽中国战略目标的提出反映了中国共产党人对中国特色社会主义的规律性认识更加深刻全面，对不断发展变化的人民群众根本利益需求的把握更深刻全面，充分展现中国共产党人的奋斗追求和根本宗旨，体现社会主义社会的本质要求，彰显社会主义制度的优越性。将美丽中国与富强、民主、文明、和谐一道融入社会主义现代化建设的目标中，共同完整、全面地描绘出中国特色社会主义现代化建设的宏伟蓝图，成为新时代推进中国特色社会主义事业的路线图，为我们更好推动社会主义现代化建设和实现人的自由全面发展、社会全面进步指明了方向。

在推进社会主义现代化强国的新征程中，建设美丽中国决不意味着要

---

① 《胡锦涛文选》（第三卷），人民出版社2016年版，第644页。
② 《胡锦涛文选》（第三卷），第646页。

放弃工业文明所创造的有益成果，退回到原始的生产生活状态，也决不意味着要放弃推动生产力发展和牺牲人们对美好幸福生活的追求，来达到构建优美生态环境的目的。相反，它要求我们在推动经济社会发展和自然生态保护方面应该更加积极有为，应将两者科学地统一起来。在推动经济社会发展时，我们应以资源环境承载力为基础，以自然规律为准则，以可持续发展、人与自然和谐共生为目标，建设生产发展、生活富裕、生态良好的文明社会，把中国建设成为富强、民主、文明、和谐、美丽的社会主义现代化强国。据此，"美丽中国"至少包含三个方面愿景：一是实现经济高质量发展的现代化，建设强大的社会主义现代化经济，为美丽中国建设提供强大的物质基础；二是构建更和谐的人与自然的关系，推动实现人与自然和谐共生的现代化；三是构建人与人、人与社会、经济与社会更和谐的关系，促进人的全面自由发展和社会的全面进步，为美丽中国建设提供强大的社会基础，这三方面愿景相互支撑、相互成就。因此，在推进社会主义现代化强国建设中，应将富强、民主、文明、和谐的强国建设与美丽中国建设统一起来，将优美的生态环境建设与人民群众的生活富裕统一起来。要实现美丽中国的目标，最重要的是必须以习近平生态文明思想为指导，切实转变生产方式、生活方式、思维观念，形成绿色、低碳、循环的发展方式，走生产发展、生活富裕、生态良好的文明发展道路，最终实现美丽中国的目标。

三、建设美丽中国的意义

美丽中国是生态文明建设的最终目标，也是社会主义现代化建设的重要目标。我们党将生态文明建设纳入"五位一体"总体布局和"四个全面"战略布局之中，全方位、全领域、全过程推进生态文明建设，促进人与自然和谐共生，既为经济社会的高质量发展构筑强有力的根基和条件，同时又是为了满足人民群众对美好幸福生活的需要，助力实现中华民族伟大复兴。推进社会主义生态文明建设、实现美丽中国的目标对于发展中国特色社会主义、全面建设社会主义现代化强国具有重要的理论意义和现实意义。

首先，建设生态文明、实现美丽中国的目标可以充分地展现社会主义制度的优越性。生态问题是工业文明尤其是资本主义工业文明的发展方式造成的，只要以资本主义私有制为基础的生产关系及其制度继续存在，资本主义工业文明就无法真正克服这一困境，也避免不了贫富两极分化之下人与人、人与社会的矛盾。社会主义社会是高于资本主义社会崭新的社会制度，邓小平曾深刻地指出，"社会主义的本质，是解放生产力，发展生产力，消灭剥削，消除两极分化，最终达到共同富裕"①。社会主义的优越性体现在其更先进的生产关系、更优越的社会制度上，它能更好地解放和发展生产力，能更全面地促进经济社会的发展，促进人的全面自由发展。生态文明建设为生产发展拓展新的空间，也为产业发展开拓了新的方向和道路，从而有力地促进生产力的发展，创造出更加丰富的物质财富、精神财富以及更多的优质生态产品，满足人民对美好幸福生活的需要。生态文明建设体现了我们对社会主义本质、对社会主义建设的规律性认识和把握更加深刻、全面，使得我们对社会主义的认识达到新高度。因此，建设生态文明、实现美丽中国的目标既是社会主义社会现代化建设的题中之义，也是展现制度优越性的必然要求。

同时，生态文明是人类文明发展的历史趋势，美丽中国目标的实现极大提升了社会主义的话语地位。当前，世界正面临着工业文明带来的资源枯竭、环境污染、全球气候变暖、生物多样性丧失等诸多生态环境问题，这些问题严重威胁着人类的生存发展。社会主义生态文明走的是生产发展、生活富裕、生态良好的发展道路，破解了工业文明带来的生态治理难题和困境，为推动人类文明发展提供了新经验、新选择，这将进一步拓

---

① 《邓小平文选》（第三卷），人民出版社 1993 年版，第 373 页。

展人类文明的内涵。生态文明以其生动实践充分展现出社会主义是一个经济、政治、文化、社会、生态各方面全面发展的社会，生态文明建设与物质文明、政治文明、精神文明、社会文明建设一道共同描绘了社会主义现代化强国的宏伟蓝图。当我们通过持续不断的努力，建成富强、民主、文明、和谐、美丽的社会主义现代化强国之时，中国特色社会主义将更全面、更立体地展现出制度的优越性，充分展示人类社会文明发展的新路径和新形态，更有力地诠释马克思主义的真理性，彰显社会主义强大的生命力，使世界更多人相信社会主义、相信马克思主义，极大提升社会主义制度的话语地位。

其次，建设生态文明、建成美丽中国有力地促进社会主义和谐社会的发展。社会主义和谐社会要构建的是一个民主法治、公平正义、诚信友爱、充满活力、安定有序、人与自然和谐相处的社会，本质就是一个人与人、人与社会、人与自然和谐相处的社会。从狭义的意义上看，生态文明建设是构建社会主义和谐社会的一个重要内容，即实现人与自然和谐相处。生态文明建设正是通过走绿色、低碳、循环的发展道路，转变生产方式、生活方式，构建一个以资源环境承载力为基础、以自然规律为准则、以可持续发展为目标的资源节约型、环境友好型社会，有力地推动了社会主义和谐社会的建设。一方面，生态文明建设与和谐社会建设是相辅相成、相互促进的。在建设进程中，生态文明建设需要协调经济社会发展与人口、资源、环境之间的关系，需要统筹好经济、政治、文化、社会、生态各方面的发展，生态文明建设才能有更好的依托，才能实现生态文明建设的目标，而这恰恰又同时推动了人与人、人与社会的和谐发展，本质上就是在推动构建和谐社会。另一方面，生态文明通过对环境污染的治理、自然环境的保护和修复等，实现了天蓝、地绿、水清的良好生态环境的目标，这既为经济社会可持续发展提供了根基和条件，使得社会主义和谐社会建设有了坚实的物质文化基础，也为人民群众提供更丰富的物质文化产品，满足人民更高层次的需求，提高人民群众的生活质量，同时生态文明建设还创造出更多、更优质的生态产品，人民群众可以共享这些优质的生态文明成果，这将有力地促进人与人、人与社会、人与自然的和谐相处，推动社会主义社会的和谐发展。因此，建设生态文明、推动实现美丽中国的目标对于和谐社会的建设具有重要意义，它既是社会主义和谐社会建设的重要内容，又有力地促进了社会主义和谐社会的发展。

再次，建设生态文明、促进美丽中国目标的实现有助于实现经济社会又好又快发展，有力推动中华民族伟大复兴。改革开放以来，中国经济在经历了一段较长时期的快速发展后，面临经济社会发展与人口、资源、环境等方面的矛盾和压力，过去的高消耗、高污染、高投入、低科技附加值的粗放式经济增长方式制约着经济社会的可持续发展，如何保持经济社会又好又快发展，如何实现可持续发展战略目标，成为摆在我们面前亟待解决的重要问题。生态文明建设为我们突破这一困境指明了方向，它强调必须坚持绿色发展、低碳发展、循环发展，形成节约资源、保护环境的空间格局、产业结构、生产方式、生活方式，实现经济社会发展与自然生态环境保护相协调，推动建设一个资源节约型、环境友好型社会。很显然，生态文明所坚持的发展方式、发展道路能很好地协调处理人与自然、经济社会发展与自然环境保护之间的关系，为经济社会可持续发展构筑坚实的根基和良好的条件。生态文明所形成的生产方式、生活方式，为可持续发展拓展了空间，为绿色产业、生态产业创造了新的条件，有力地推动了经济社会的高质量发展。生态文明所坚持的绿色、低碳、循环的发展方式化解了资源能源对经济社会可持续发展造成的压力，破解了资源环境约束趋紧、生态系统退化等可持续发展的瓶颈问题，有力地推动了经济社会又好又快发展。生态文明建设统筹经济、社会、生态等各方面协调发展，努力创造更多、更优质的生态产品，提供给人民群众，保障人民共享生态文明成果，这将极大地提高人民群众的生活质量，增强他们的幸福感和归属感，有力地促进了人与人、人与社会、人与自然的和谐发展，有利于充分地调动一切积极因素，广泛地凝聚力量，为经济社会发展注入强大的动力。由此可见，生态文明建设是促进经济社会又好又快发展的科学道路，建设生态文明和建成美丽中国既实现人们对优美生态环境的需求，同时又为社会主义现代化建设构筑良好的根基和条件，有力地推动中华民族伟大复兴。

第四，建设生态文明、实现美丽中国的目标对人类文明发展史具有重要意义。众所周知，全球生态问题主要是工业文明传统发展方式造成的，已经危及人类的生存和可持续发展。资本主义工业文明错误对待自然的态度、以牺牲生态环境为代价的发展方式、转移环境污染的生产生活方式、掠夺他国能源资源的崛起方式、不平等地强加环境治理责任给发展中国家的全球生态治理方式等，造成了环境污染问题向全球蔓延，使生态问题全球化，这不但加剧了西方发达国家内部人与人、人与社会的矛盾，还进一步恶化了国与国之间、民族与民族之间的矛盾，造成了全球范围内人与人、人与社会、人与自然的不和谐，导致全球生态问题日益凸显，危及人类的生存发展。但是，在资本主义工业文明之下，受制于资本主义的生产关系、生产方式、生态治理理念等，资本主义社会无力解决生态问题，无法真正实现人与自然和谐共生。

建设生态文明、实现美丽中国的目标突破了资本主义工业文明之下的生态治理困境，为人类文明演进指明了方向，极大提升人们共建地球生命共同体的信心和决心，汇聚力量，共建世界美丽家园。社会主义生态文明建设主张世界各国都是全球大家庭的成员，每个国家都是全球生态文明建设、全球生态治理的参与者、贡献者和享有者，强调世界各国应同舟共济、共同努力，本着"共同但有区别的责任、公平、各自能力等重要原则"①，与世界各国一道共同治理全球生态环境问题，共同应对生态问题带

---

① 习近平：《论坚持人与自然和谐共生》，第 99 页。

来的挑战，共建一个清洁美丽的世界，实现和平发展、绿色发展、共同发展、共享发展的目标。中国所倡导的生态文明理念突破了西方国家狭隘的生态治理观和转移环境污染问题、单方面寻求自身安全的生态安全观，将重塑全球生态治理观，能有效地化解资本主义工业文明带来的国与国、民族与民族之间的矛盾，有力地推动全球生态文明建设，助力实现全球范围内人与人、人与社会、人与自然的和谐共生，将极大丰富人类命运共同体的内涵，开拓建设人类命运共同体的新境界。同时，生态文明建设倡导走生产发展、生活富裕、生态良好的绿色低碳文明的发展道路，不依赖掠夺他国能源资源、转移重污染产业等发展方式，主张构建尊崇自然、保护环境的生产体系，推动实现可持续发展目标，这不但有助于形成一条不同于西方工业文明的发展新路，为世界其他发展中国家实现现代化提供有益的借鉴，而且还将极大促进全球生态环境的保护和修复，推动全球生态文明的发展。因此，建设生态文明、实现美丽中国的目标对于人类文明发展史具有重要意义。

第一节 持续发力 构筑美丽长汀的坚实生态基础

长汀人民在中国共产党的领导下，经过长期不懈的努力，水土流失治理取得了决定性胜利，生态环境状况持续向好。但是我们也应该看到，这离实现水土流失全面性治理、建设美丽长汀的目标要求和广大人民群众的期盼还有差距。一是公路、水利等基础设施建设、茶果园开垦等生产建设以及机械挖沙取土容易造成新的水土流失问题，存在边治理边流失的情况，水土流失治理成果巩固较难；二是长汀境内仍有31.52万亩水土流失区域，共有1万余个斑块，零星分布在17个乡镇，治理难度大，治理效率低；三是传统水土流失区治理恢复后，森林植被主要以马尾松针叶林为主，仍存在林分结构单一、涵养水土功能较低等问题；四是治理区的土壤结构和肥力基础较差，土壤贫瘠、沙化、板结等问题依然存在，难以支撑植被的后续生长，植被生态系统还存在着"二次退化"的风险，治理区生态系统依然脆弱，需要长期养护；五是森林植被还存在病虫害困扰（如松材线虫病防控难度大）、水土流失区乡村发展相对滞后、水土保持监测信息化建设不足等问题。[①]这就需要长汀当地坚持持之以恒的精神，集中精力，全面发力，精准治理，实现全面决胜水土流失治理的目标，为美丽长汀的建设构筑良好的生态根基和条件。

一、持续优化制度机制，全面推进"最后一公里"治理

从水土保持和生态环境建设来看，尚存的斑块状和零星分布的水土流失区、土壤结构与肥力基础差、存在林木病虫害等问题是长汀水土流失治

---

① 《长汀水土保持志》编纂委员会编：《长汀水土保持志》，第4页。

理最难啃的硬骨头，如斑块状、零星分布的水土流失遗留区地处偏僻，自然地理条件恶劣，土壤结构和肥力差，交通不通，人员、物质资料等难以到达，要彻底、全面地治理好它们，必须坚持党的全面领导，充分发挥党领导的政治优势。

一是坚持生态文明建设的系统思维、全局思维，把握好治理方向，谋划好治理规划和时间表，做好美丽长汀的整体规划和布局、建设方向和重点等，以最大的决心和毅力攻克水土流失治理"最后一公里"的难关，实现全面性治理目标，同时对接美丽长汀建设蓝图，稳步推进生态文明建设。

二是发挥社会主义制度集中办大事的优势，解决斑块水土流失区交通不畅治理难度大的问题，并调动科技力量、汇聚人力资源，瞄准水土流失治理遗留区的难题进行科研攻关，如陡坡陡崖治理技术难题、土壤结构和肥力改善问题、治理区植被林分优化问题、松材线虫病防治等，突破治理障碍，实现全面性根治的目标。同时，在党委领导、政府主导下，坚决落实生态保护红线、环境质量底线、资源利用上线，严格落实相关制度规定，完成水土流失治理遗留任务，巩固治理成果，提升治理成效。

三是严密制度机制，强化治理责任，推进最后阶段的治理，实现水土流失治理的全面性胜利。在实践中，长汀县委、县政府将把全面贯彻落实习近平总书记重要指示批示精神作为重大政治责任，把水土流失治理和生态文明建设作为第一责任，实施党政"一把手"工程，成立以县委书记为组长的水土流失治理和生态文明创建领导小组，以及推进水土流失精准治理深层治理工作领导小组，健全县处级领导和县直部门挂钩水土保持工作责任制，落实"党政同责、一岗双责"工作推进机制，确保责任落实到位、工作开展到位。同时，长汀县以更加严密的制度体系、更完善的治理机制，推进当地水土流失的最后一公里治理，为美丽长汀建设构筑坚实的生态基础。为此，长汀县委、县政府牢记习近平"进则全胜，不进则退"嘱托，贯彻习近平对长汀水土流失治理和生态文明建设的历次重要指示批示精神，形成常态化生态文明建设的制度机制，并强化、落实治理责任，如县委构建一月一听取治理工作专题汇报、一月一深入治理点开展调研、一月一定期召开治理项目工作推进会的"三个一"制度等，形成一级抓一级、层层抓落实的工作格局，奋力推进长汀水土流失精准治理、深层治理，深入实施水土流失精准治理、深层治理"三大工程"，全面夺取水土流失治理的胜利，全面优化长汀的生态环境，推动实现美丽长汀的建设目标。

二、引领人民群众，全面决胜"最后一公里"治理

目前，长汀当地遗留的水土流失地点由于面积较小、地处偏僻、零星分布，不易调集资源和力量，难以形成高效、规模化治理，治理难度大和成本高，往往一时性治理尚可达到，但要巩固治理成果、促进治理区域生态良性循环难，遗留区域常会陷入"治理—流失—再治理—再流失"的困境。要实现这些区域根本性、全面性治理的目标，还需充分发挥当地人民群众的主体力量，调动其积极性、主动性、创造性，攻坚克难、持续发力。在谋划治理思路、制定治理措施时，应多深入这些区域进行调查研究，多听取当地人民群众的意见和建议，多请教当地人民群众，科学地制定治理措施；在治理过程中，多想办法、多运用激励机制，充分发挥人民群众的主体力量，共同投入、参与斑块状水土流失治理工作；在巩固治理成果时，特别应发动当地人民群众的力量，形成常态化、长效的治理成果的维护、巩固和监督机制，加强治理后地表植被的保护，巩固治理成效，促进这些难以治理的斑块状水土流失区域的生态系统向"裸地—草被—马尾松和灌丛—针阔混交—常绿阔叶"顺向演替，推动这些区域的生态环境根本性好转，真正实现彻底治理、全面治理的目标。

三、精准综合施策，全面实现"最后一公里"治理目标

从斑块状水土流失区域的自然地理条件来看，由于这些区域地处偏远、分布零散、土地贫瘠，难以通过发展生态种植、生态养殖、林下经济等绿富共赢的方法对其治理，属于"投入型"治理区域，短时间内无法直接产生经济效益，民众的治理动力不足，也难以吸引社会力量、社会资本参与治理。同时，由于这些区域地表长期裸露，土壤风化、有机质流失严重，肥力差，自然地理条件极为恶劣，无法用单一的方法或简单套用传统的治理方法（如植绿化林、种植经济果林、"草牧沼果"循环种养等）达到治理效果。

针对这些区域，必须因地制宜、综合施策、精准治理。一是因地制宜、精准治理。在治理过程中，应充分调查治理区域的地质条件、土壤条件、水文状况、水土流失特点等，根据不同区域不同的水土流失成因，选择恰当、科学的治理措施，精准地对所在区域实施治理。二是综合施策、长效治理。由于造成这些区域水土流失问题的成因是多方面的，既有土壤构成成因，也有地理位置、地形因素等成因，而且往往是这些因素相互交织、日积月累形成的。因此，在治理过程中，要讲究综合施策、长效治理。在治理手段上，既要采取手段有效改善崩岗、水土流失造成的沟床纵横等恶劣的地质状况，如通过崩岗治理、建石（土）谷坊、挖水平沟、挖"鱼鳞坑"、坡地改造等，稳固地基，改造地表绿植环境，又要采取措施改善土壤肥力，如通过地表施肥、小穴播种施肥等，改善土壤肥力，为地表植物生长营造较充裕的条件；既要选择恰当的绿植树种、草种，如选择抗逆性强、保土性好、生长快且多年生的宽叶雀稗、圆果雀稗、百喜草等品种，又要因地制宜地采取科学的绿植方法，如利用等高草灌带、小穴播草等，改善地表绿植状况，提高地表绿植覆盖率。在治理方式上，要将阶段性重点治理和长效性治理相结合，既要阶段性集中治理斑块状水土流失区域，力求

在较短时间内增加该区域的地表绿植覆盖率，又要分阶段、分步骤、分层次推进治理，巩固阶段性治理成效，如可以先种植抗逆性强、耐生性的灌草，改变土壤结构和有机质含量，待条件成熟后，分阶段、分层次跟进种植针叶林树种，最后过渡到草灌乔混交、优化林分结构等阶段，以达到区域地表绿植全覆盖，实现长效治理的目的。最后，还应运用现代化的科学监控、监测手段，对这些治理区进行实时监控、监测，一旦发现水土流失问题反复、"二次退化"等问题，及时跟进治理措施，巩固治理成效，最终实现水土流失的彻底治理、全面治理，为美丽长汀建设构筑坚实的生态环境基础，为人民群众创造优美的生态环境。

第二节　美丽长汀　生态文明建设的未来方向

美丽长汀建设既要求生态优、环境美，也要求产业兴、百姓富。全面治理长汀水土流失、构建优美的生态环境是通往美丽长汀的第一步，是美丽长汀建设的其中一项重要内容。在此基础上，要建设美丽长汀，还应利用生态文明建设为经济社会发展创造良好根基和条件，积极推动产业兴，促进百姓富，实现当地百姓的美好幸福生活愿望。

然而，当前长汀促进产业兴、百姓富、人民幸福方面还面临一些困难和问题。一是长汀的产业特别是农业产业有待升级。当地的农业在整个产业体系中占有重要地位，但农业产业规模相对较小而且分散，尚未形成现代化规模效应或现代农业产业体系，大部分农民仍以种养初级农产品为主，精深加工不足，产品科技附加值低，抵御市场风险能力较弱。二是现代农业技术人才不足、农业现代化技术运用和转化不足，无法为规模化生产或现代农业产业体系的形成提供强有力支撑。长汀新型农业经营主体尚处于初步发育阶段，广大农村地区普遍缺乏现代农业技术人才、现代农业产业经营管理人才，尤其缺乏专业性技术人才，现代农业技术运用和转化显得动力不足，无法带动传统农业向现代农业转变，形成现代化农业产业规模或体系。三是土地利用效率和农业生产力有待提高。由于当地农业尚未形成规模化经营，农业生产科技支撑力不足，农业生产力水平和农业收益相对不高，影响了农民从事农业生产的积极性，导致土地利用效率不高，部分土地出现撂荒的现象。四是农民收入有待进一步提升。从收入构成来看，当地农民主要靠工资性收入和当前农业低效益的经营性收入，大多数农民仍然是以传统农业粗放式生产经营、手工劳动为主体，生产规模小，薪酬水平不高。村级集体经济整体基础较弱，经营性收入少，少有形成产业体系的，引领带动乡村经济发展的能力不足。五是社会资本和金融资本支持乡村振兴作用不足，乡村振兴所需的资金筹措渠道有待拓宽。

当前，长汀以解决这些问题为着力点，坚持以习近平新时代中国特色社会主义思想为指导，坚定不移地贯彻习近平生态文明思想，按照习近平"进则全胜"的目标要求，在持续巩固拓展水土流失治理成果的同时，全面推进水土流失治理与乡村振兴有效衔接，全力推动老区苏区振兴发展，加快建设"机制活、产业优、百姓富、生态美"新长汀，打造新时代全国生态文明县域样板。

一、坚持党的全面领导，擘画美丽长汀的新篇章

当地将水土流失全面性治理与乡村振兴对接，精心为美丽长汀建设谋篇布局。长汀在水土流失治理取得决定性胜利的基础上，坚持习近平新时代中国特色社会主义思想，坚定不移地贯彻习近平生态文明思想，以推进全国水土保持高质量发展先行区建设为契机，做好美丽长汀建设规划，制定了《长汀县山水林田湖草综合治理示范区总体规划（2021—2025）》《长汀县 2021—2035 年水土保持与生态建设远景规划》和《长汀县水土保持高质量发展先行区建设实施方案（2022—2025）》等，将水土流失治理与乡村振兴有效衔接，全面推动水土流失治理工作，制定和实施水土保持精准治

理、监管保障、质量提升、发展示范、制度创新、科技促进等系统工程。一方面，长汀提出未来长汀生态文明建设的新目标，即力争到2025年底，将长汀县打造成为全国水土保持高质量发展先行区、美丽中国的县域样本；到2035年底，把长汀建成国家生态文明建设的样板。另一方面，在全方位推进生态文明建设、奋力夺取水土流失治理全面性胜利的同时，长汀县委、县政府正带领人民群众，全面推动美丽长汀建设，产生了一系列乡村振兴、生态文明建设的生动实践，美丽长汀的蓝图正一步步变成现实。

长汀县四都镇上蕉村不断推动以党建引领产业发展、乡村振兴，助力实现美丽长汀梦想。上蕉村位于长汀县四都镇东北方，全村共有3个自然村205户1,109人，常住人口约870人。近年来，上蕉村深入贯彻习近平关于乡村振兴重要论述，落实上级关于乡村振兴的一系列决策部署，开展"支部比项目、党员带民富"活动，带领本村群众，充分发挥林地面积大、林业资源多的生态优势，践行绿水青山就是金山银山的发展理念，特别是利用治理后形成的丰富自然资源优势，大力发展林下经济，成立了农民专业合作社，打造千亩林下经济整村推进示范基地，形成了"合作社＋党员＋林下产业＋农户（贫困户）"的发展模式。据悉，该村原有11户41人的贫困户（其中国标7户28人，省标4户13人）在2016年脱贫了5户19人，2017年脱贫了6户22人，做到不砍树也能致富，稳步实现了脱贫目标，为乡村振兴奠定了坚实的基础，有力地推动"村强、民富、山清、水秀"的美丽乡村建设。

长汀县童坊镇葛坪村以党建推动产业发展，也实践出一条富有典型特色的美丽乡村建设之路。童坊镇党委、政府坚持党建引领，积极探索生态建设与乡村振兴对接发展的新办法，实践出"党支部＋合作社＋党员种植基地"的新发展模式。葛坪村位于童坊镇偏西北方向，距集镇16公里，共有174户608人，林地面积2万余亩，辖区龙藏寨有一个被当地人称为"药王谷"的地方，由小坑哩、鸭龟崬、龙屋坑、松鼠泉、老鼠排5条主要山谷分支构成。药王谷属于丘陵地形，藏风蕴水聚气，谷内奇树耸立，溪水潺潺，草药遍布，当地流传着"药王谷里走一遭，百病不治自己消"的说法，昔年村民常在药王谷中采摘灵芝、野党参等中药材，这些名贵天然的中药材深受当地名家大族的青睐。药王谷发展林下种植经济的环境得天独厚，当地通过发挥党员的引领作用，深入挖掘葛坪村林下资源，盘活村中闲置资源，指导党员群众创办了家乐盛农民种养合作社、广福园农民专业合作社、童坊灵草专业种植合作社等产业机构，利用当地独特的资源优势，种植了五指毛桃、野党参、灵芝、七叶一枝花、黄精等中草药材，大力发展林下经济。目前，药王谷种植中草药有 1,400 余亩，其中五指毛桃 150亩、野党参 60 亩、灵芝 400 亩、黄花远志 500 亩、七叶一枝花 30 亩、黄精 20 亩，打造出独具特色的药王谷，预计到 2026 年前后该村的林下种植经济收益可超过 500 万元。

二、聚焦机制活，引领"美丽长汀"建设

创新制度机制，以制度机制的活力引领生态文明建设和乡村振兴，推动实现美丽长汀的目标。只有创新生态文明建设和乡村振兴的制度机制，激发制度活力，才能发挥制度效能，引领和推动生态文明建设和乡村振兴。为此，长汀坚持发挥党总揽全局、协调各方的领导核心作用，围绕着全面治理水土流失与推进乡村全面振兴的各方面要求，创新制度机制，汇聚长汀老区苏区振兴发展的强大合力，推动实现美丽长汀的建设目标。

一是健全完善责任落实机制。长汀在未来的水土流失治理和乡村振兴中将坚持"战区制"，继续实行党政主要领导"双组长"制，强化"五级书记"抓水土保持和乡村振兴政治责任，健全市、县、乡、村领导挂钩制度、部门协同作战机制，深化落实"河（湖）长制""林长制""土长制"。严格落实水土保持目标责任考评机制，将水土保持和乡村振兴工作列为长汀当地各级党委、政府考核的重要内容，强化水土保持的制度约束力，以压紧

压实各方责任，推动水土流失全面治理和乡村振兴。加强农村基层组织建设，全面推进村党组织书记和村委会主任"一肩挑"，建强村级班子，提高农村基层党组织的引领力、凝聚力和战斗力，以"组织兴"推动实现产业优、百姓富、生态美的目标。

二是健全完善多元投入机制，为全面决胜水土流失治理和乡村振兴创造坚实的物质基础。长汀积极对接国务院《关于新时代支持革命老区振兴发展的意见》和对口支援帮扶等政策，多方争取水土保持和乡村振兴资金，为美丽长汀建设注入强有力的资金动力。同时，当地还将不断创新完善多渠道社会投入机制，积极推行以奖代补、先建后补、村民自建等制度，以及采取以工代赈、林权及山地经营权流转、资金入股等形式，鼓励和引导当地群众、农民合作社、企业、村组集体等各方面群众和社会力量，积极参与水土流失治理和乡村振兴。此外，长汀还将探索深化生态环境和乡村振兴领域"放管服"制度改革，完善市场激励机制，激发企业、全社会参与水土流失治理、巩固生态文明建设成效和乡村振兴的内生动力。

长汀注重融合发展，持续创新社会投入机制，吸引社会力量，全面推动乡村振兴和美丽长汀建设。"党政主导、群众主体、社会参与、多策并举、以人为本、持之以恒"是长汀水土流失治理的基本经验，在推进乡村振兴和美丽长汀建设中，当地一方面继续坚持发挥当地人民群众的主体力量；另一方面，注重融合发展，不断创新社会投入机制，吸引社会力量参与建设，以突破技术、资金、产业发展方向等瓶颈问题，推动全面、高质量发展。其中，长汀县鸿鑫食用菌有限公司是长汀当地引入成立的、推动当地发展的一支重要社会力量。公司在长期实践中走出一条以林下种植助力乡村振兴的规模化发展道路。2015—2022年间，公司每年林下种植茯苓、灵芝、竹荪等食用菌的示范基地面积均超过2,000亩，每年接纳贫困户（脱贫户）务工就业5户，每人年工资达3万元以上。公司在推动自身产业发展的同时，还以菌种提供、技术服务等方式带动更多农户走上脱贫致富之路。据当地林业部门介绍，2015—2022年间，公司精心指导、带动20多户贫困户（脱贫户）种植食用菌，实现每户增收超万元。2020—2022年，公司带动周边100多户农户种植竹荪400多亩、灵芝3万多棒、香菇300多万棒、林下松树兜种植茯苓10,000多亩。

三是健全完善群众参与美丽长汀建设的制度机制。广大长汀人民群众是水土流失治理和乡村振兴的主体力量，也是生态文明建设和乡村振兴成果的享有者。长汀当地将坚持党建引领，充分发挥基层党组织战斗堡垒作用和党员先锋模范作用，采取有效机制激发基层干部群众参与水土保持和乡村振兴的积极性。同时，长汀当地还不断实践和完善"村民事村民议、村民事村民定、村民事村民办"的基层群众自治新形式，激发基层群众的主人翁意识，自觉做当地水土流失治理和乡村振兴的参与者、贡献者。此外，长汀当地还将不断加强党对人才工作的领导，健全完善人才政策，选拔、培养和任用政治站位高、大局意识强、德才兼备、实绩突出和群众拥护的高素质人才，全面提升基层组织的干部队伍素质和能力，引领推动当地的振兴发展，并深入实施新时代科技特派员制度，选派第一书记到乡村振兴试点村驻村任职，加强农业农村专技人才队伍建设，以乡村"人才兴"引领推动生态文明建设和乡村振兴，实现产业优、百姓富、生态美的美丽长汀建设目标。

三、推动产业优，促进长汀高质量发展

长汀当地把水土流失全面性治理与乡村振兴对接，以全面治理水土流失、优化当地的生态环境为基础和条件，以推动产业振兴为动力，以推动实现百姓富为出发点和落脚点，科学谋划、统筹布局，促进形成一幅建设美丽长汀的壮美蓝图。长汀当地围绕产业振兴做文章，将继续坚持走绿色、

低碳、循环的可持续发展道路，持续优化空间格局、"3+4"产业结构[1]，以更高标准引领推动长汀高质量发展，奋力实现"产业兴、百姓富、生态美"的美丽长汀建设目标。

一是构建高质量绿色产业发展体系。长汀当地以推动绿色低碳循环发展为重要抓手，把长汀的"十四五"规划和重大项目布局与能耗双控目标有效衔接，深化生态产品市场化改革，发展绿色金融，严格落实碳达峰碳中和工作，推进排污权、用能权、碳排放权市场化交易，推动长汀走绿色清洁能源的发展道路。同时，开展绿色生活创建行动，加快构建绿色低碳交通网络、绿色清洁能源体系、绿色发展产业体系，推动形成节约资源和保护环境的空间格局、产业结构、生产方式和生活方式，促进绿色发展、低碳发展、循环发展。此外，长汀当地还将认真贯彻中办、国办印发的

策武镇南坑村现代农业种植基地

---

[1] "3+4"产业结构是指长汀当地规划的未来产业发展方向，即三个主导产业：稀土、纺织服装、文旅康养；四个重点产业：现代农业、医疗器械、电子商务、建筑业。

《关于建立健全生态产品价值实现机制的意见》，积极探索将全面实现水土流失治理形成的生态环境优势转化为绿色、可持续、高质量发展优势，加快形成将绿水青山转化为金山银山的长汀发展路径，促进经济社会发展全面绿色转型，着力实现绿富共赢。在"产业优、百姓富、生态美"的建设实践中，长汀当地充分发挥治理后形成的生态优势，精心谋划、积极探索，逐渐形成了包括林下经济、旅游康养、文化休闲等在内的规模化、体系化、富有典型特色的实践经验，为美丽长汀建设提供强有力的经验支撑。

长汀县四都镇同仁村的林下兰花种植摸索出一条推动本地乡村振兴、百姓致富的新路子，为美丽长汀建设提供强有力的支撑。以元仕花卉专业合作社为代表的林下兰花种植产业是长汀县四都镇同仁村最突出的林下经济，合作社位于四都镇同仁村天子壁，它依托当地优越的森林环境，在长期的试验摸索中总结出一套行之有效林下培育兰花的成功经验，即"透光控制、乡土良种、原土基质、小盆疏植"的种植方法，培育出建兰"长汀素"和春兰"大唐盛世"等兰花精品。在技术优化、技术推广、品牌宣传

长汀县元仕花卉专业合作社的林下兰花种植培育基地

长汀县元仕花卉专业合作社成立于2014年1月，2020年合作社成员发展到112人，年产值200多万元，目前基地规模达到380亩，有兰花260多万株，建兰、春兰、蕙兰为主打栽培品种。林下仿野生培育的兰花具有成本低、抗病强、开花多和香气浓的特点，深得广大消费者的青睐，市场前景广阔。合作社注册了"仁仕"商标，产品主要销往漳州及江苏等地。元仕林下兰花种植基地先后取得兰花产业国家创新联盟示范基地、国家级农民合作社示范社、省级示范合作社、省林业标准化社、龙岩市激励性扶贫示范社、龙岩市科普惠农示范基地和长汀县产业带动脱贫示范社等荣誉称号。

的推动下，合作社的林下兰花种植规模不断扩大，质量不断提升，目前合作社已成为龙岩市规模较大的集生产、科研、营销、服务于一体的兰花专业合作社。合作社在做大做优自身产业的同时，还发挥自身的技术优势、资金优势、品牌优势，带动当地百姓发展林下兰花种植，并实行"一带多"的精准扶贫模式，引领、示范本地贫困户增收脱贫。合作社采取先赊种苗、与种植兰花的贫困户订立回购合同、为其无偿提供技术指导等办法，通过手把手、传帮带的方式，帮助贫困农户走上脱贫致富的道路。同时，合作社还以基地为中心，辐射带动周边村庄的贫困户发展林下兰花种植产业，为周边村庄的贫困户解决资金、技术和市场等问题，帮助 57 户 198 人走上脱贫致富之路，为当地百姓探索实践出一条以发展林下种植业推动脱贫致富的产业新路，有力地推动当地的乡村振兴和美丽乡村建设。

长汀县四都镇上蕉村也通过林下种植经济引领乡村振兴，实践出一条"生态好、产业兴、百姓富"的新道路。上蕉村土地总面积 26 平方公里，其中耕地面积仅有 805 亩，而林地面积则占 22,300 亩。上蕉村充分发

长汀县四都镇上蕉村林下经济——三叶青种植示范基地

挥林地面积大、林业资源多的生态优势，成立农民专业合作社，打造千亩林下经济整村推进示范基地。目前，合作社总共种植了林下药材和食用菌 1,930 亩，其中灵芝 800 亩、三叶青 630 亩、姜黄 400 亩、黄花远志 100 亩，带动了 117 户农户（含 11 户贫困户）增收致富。此外，上蕉村还对千亩特

色林下种植基地进行扩面提升，对 3,200 亩流转林地发展特色林下中草药、食用菌等种植项目，吸纳包括 11 户贫困户在内的 117 户村民加入合作社，每户贫困户通过分红和务工年均增收超过 7.5 万元。长汀县四都镇还计划将上蕉村打造成全县的林下经济苗木培育基地，并带动周边村农户林下种植中草药，为乡村振兴注入强大的动力。

长汀县童坊镇葛坪村实践出"林、药、旅"相结合的产业发展模式，助力乡村振兴，推动实现美丽乡村。葛坪村林地资源丰富，当地利用药王谷自然禀赋优势，坚持绿水青山就是金山银山的发展理念，大力发展林下经济，集中打造林下中草药千亩种植基地、林下养蜂千箱基地等，为乡村振兴提供坚实的基础。据悉，自 2018 年打造药王谷林下经济以来，葛坪村的中草药种植已经逐渐产生经济效益，其中灵芝、五指毛桃等带来了 100 余万元的第一期收益，带动葛坪村 50 余户 300 多人走向绿富共赢之路。同时，葛坪村还利用自然环境保护形成的生态优势，推动林下经济发展，开发旅游观光、休闲康养等新经济业态，如建设"森林人家"旅游休闲度假区，发展"林、药、旅"相互融合的产业体系，实现生态保护与经济社会双循环发展。据长汀当地林业部门统计，在 2020—2022 年间，葛坪村的人均收入有 2 万余元，昔日贫困村变成生态优美、百姓安居乐业的美丽家园。

长汀县河田镇车田寨自然村大力发展林下种植、生态农业、休闲康养等新业态，走出一条"生态、生产、生活"共荣之路。车田寨自然村毗邻汀江国家湿地公园，优美的自然生态环境是车田寨村的独特优势，车田寨村在推进自然生态保护和建设的同时，依托优越的自然禀赋，着力打造以林下种植为主体，融合林下产品加工、销售、餐饮、休闲旅游等为一体的产业发展体系，推动实现"产业兴、百姓富、生态美"的美丽乡村建设目标。晨露种养技术专业合作社是车田寨村林下经济的孵化园，也是推动绿色发展的引领者。合作社瞄准市场需求方向，依托水土流失治理后的优质森林资源，引种黄花远志药材项目，不到几年便取得良好的市场效应。合作社还利用林下种植产业形成的基础，以提供种苗、技术帮扶、保价回收等形式，带动全镇农户参与种植，有力地促进当地黄花远志种植产业向规模化方向发展。在此基础上，合作社还利用自身的产业优势，深入开发黄花远志相关的系列产品，把黄花远志的叶、花加工成黄花远志茶、黄花远志花茶，它的根茎则被制成药膳食材，不断丰富林下产品的种类，提升产品的层次，提高林下产业的经济附加值。同时，合作社还发展以林下经济为主体的多层次、宽领域的新业态。合作社利用优化后的生态资源、森林资源，建成多彩森林景观带、山下溪流护岸及休闲漫步道，田间种植有机稻米，开发农耕体验区、旅居露营区等休闲旅游目的地，拓展康养旅居、观鸟垂钓和农耕体验等服务业，探索和实践"生态、生产、生活"共荣共生的发展道路，绘就一幅美丽乡村的现实图景。

二是推动产业振兴、城镇化建设、人的全面发展深度融合，努力实现美丽长汀的建设目标。长汀当地将严格按照"布局优化、企业集群、产业成链、物质循环、集约发展"规划方向，扎实推动绿色生态园区建设，重点加快龙岩高新区长汀产业园区循环化改造，努力将长汀稀土工业园区、晋江（长汀）工业园区、长汀医疗器械产业园区建成省级以上绿色园区示范点。同时，做大做强做优现有产业，有重点地发展新能源、新材料、新技术等新兴产业，引导走绿色、低碳、循环的发展道路，促进生产方式全面向绿色转型，实现高质量的发展目标。此外，积极引导、鼓励和支持当地企业向绿色生产转型，创建绿色产业体系，发展绿色产品，着力推动绿色园区、绿色工厂、绿色产品的建设，促进现有产业体系和工业园区整体转型升级，实现产业发展、城镇化建设和人的全面发展更深层次的融合。

三是不断完善基础设施建设，构建绿色发展的生态基础。长汀当地将坚定不移地坚持水土流失治理和生态文明建设的系统观念，统筹对河流、湖泊、水库、坑塘、湿地等的治理和建设，全面、系统治理生活污水、工

策武镇南坑村草莓种植园、生态农业种植基地

业污染物或废弃物等问题，全方位、全领域、全过程推进生态环境建设，为经济社会可持续发展构建良好的生态环境条件和空间。同时，制定交通、水利等基础设施建设生态标准，指导基础设施的工程设计和建设，并成立专门的管理机构，对生态基础设施的设计、建设、运行、维护等各个环节进行监督和管理，全面提升生态基础设施的服务功能，为经济社会可持续发展提供可靠的支撑和保障。

四是严格市场准入的绿色标准，推动高质量发展。长汀在未来发展中将严守生态保护红线、环境质量底线、资源利用上线三条线，全方位推进资源能源节约利用，以更低的资源消耗、更小的环境影响促进经济高质量发展。同时，严格执行环境负面准入清单制度，坚决维护市场准入负面清单制度的统一性、严肃性和权威性，引导当地企业通过淘汰落后产能、技术改造革新、产业升级等方式为绿色高质量发展腾出环境容量，使产业发展和生态环境相得益彰、和谐共生。建立项目预审领导小组，按照国家产业政策严格把好项目准入关，加强对招商引资项目的质量效率预审，提高招商引资所引的项目质量，促进经济绿色低碳循环发展。此外，进一步健全完善与市场准入负面清单制度相适应的准入机制、审批机制、事中事后监管机制、社会信用体系和激励惩戒机制、商事登记制度等，严格排查各类项目的环境风险。

五是加快试点、示范项目建设，增强乡村振兴的内在动力。长汀将统筹资金、政策、项目，集中力量引导、支持试点村和"跨村联建"片区村建设，扎实开展跨村联建，促进各村资源共享、优势互补，形成片区内各村的共同发展；积极探索乡村振兴机制、路径、方法，推动各乡镇开展乡村振兴"一乡一线"示范线创建，推动形成更多的高质量、各具特色的乡村振兴示范典型，助力实现美丽长汀的目标。

四、致力百姓富，让生态红利惠及当地百姓

江山就是人民，人民就是江山。为当地老百姓提供更多优质生态产品、让当地老百姓过上高品质的幸福生活是美丽长汀建设的出发点和落脚点。长汀县始终坚持以人民为中心的发展思想，持续巩固水土流失治理成果和脱贫攻坚成果，并把它们同乡村振兴有效衔接，充分利用水土流失治理取得的决定性胜利和全面建成小康社会创造的基础、平台，谋划"百姓富"新的发展篇章，让生态文明建设的红利、经济社会发展的红利惠及当地百姓，推动实现当地百姓美好幸福生活的愿望。

一是持续巩固拓展脱贫攻坚成果。长汀县在完成脱贫攻坚、决胜全面建成小康社会的战略任务后，继续坚持脱贫攻坚阶段的帮扶政策，推进水土流失严重区、生产生活条件恶劣区的群众搬迁工作，这一政策措施既改善了这些区域群众的生产生活环境和条件，同时又减少了这部分群众对原居住地的林木砍伐和生态环境的破坏，减轻了原居住地的自然资源和生态环境压力，实现水土流失治理和民生改善相统一。同时，建立易返贫致贫人口快速响应机制和脱贫人口助力发展机制，抓好脱贫地区优势特色产业

长汀县一边治理水土流失，一边给当地农民开展技能培训（图片来源：长汀县水土保持事业局）

长汀把治理水土流失作为"民心工程""生存工程""发展工程"，把改善生态与改善民生相结合，治理水土流失与发展区域经济相结合，治理荒山与发展特色产业相结合，但其中最重要的是提升劳动者的整体素质。即便没有尖子人才脱颖而出，人民群众的整体素质一旦提高了，那社会进步便指日可待。图为长汀县一边主持治理水土流失工作，一边给当地农民开展技能培训，提高农民素质，转移农村剩余劳动力，增加农民收入。

发展，创新脱贫致富激励性机制或制度，做好贫困人口异地搬迁后续扶持工作，开展"新型职业农民""春潮行动""雨露计划"等就业培训、产业帮扶等工作，提升其就业技能和创业才能，拓展其就业渠道和创业空间，引导搬迁户到县域新发展的产业就业，为这部分人创造改善生活、增加收入的渠道，并为搬迁贫困户提供就业创业服务保障，保证安居与乐业、入住与入厂或创业同步进行。

发挥社会力量的技术优势，提升当地民众就业技能和创业才能，助力乡村振兴和美丽长汀建设。在推动实现乡村振兴和美丽长汀建设进程中，长汀同样十分注重提升劳动力素质和技能，提高当地民众致富的本领。为此，长汀县林业局、科协等单位多次组织林下经济实用技术、新型职业（高素质）农民、贫困创业致富带头人等培训班，提升当地民众就业、创业的能力。长汀林下经济的领头羊——鸿鑫食用菌有限公司在食用菌种植上拥有丰富的经验和技术，公司负责人魏仕斌利用松树蔸种植茯苓，他的不脱袋、不断根、树蔸剥皮顶面接种的创新技术将松树蔸种植茯苓的成活率提高到95%以上，并且还具有产量高、茯神多、节本高效等优点。长汀县林业局、科协等单位曾多次邀请他在当地举办的多种培训班上为林业技术人员、林农、贫困户传授茯苓、灵芝、竹荪林下种植技术。据相关部门介绍，仅仅魏仕斌一人就为长汀培训食用菌种植能手达 1,000 人次以上。如今，茯苓、羊肚菌、竹荪等食用菌种植已成为长汀重要的林下产业，茯苓种植更成为长汀发展林下经济的新品牌，成为当地农户致富的新渠道，有力地推动长汀的乡村振兴和美丽长汀建设。

长汀还注重提升林下产业带头人的能力，以技术赋能产业发展，带动百姓致富，推动实现乡村振兴和美丽长汀的目标。在乡村振兴和美丽长汀建设中，林下产业、生态产业、现代农业等的领头羊能力至关重要，各村、各产业中的领头羊引领能力越强，示范和带动效应就越高。一方面，长汀林业部门、农业部门、科协等坚持不懈以不定期的集中技术培训、技术指导、选派科技特派员等形式，对各村的产业领头羊、乡村振兴的带头人进行技术指导和培训；另一方面，鼓励和支持各村的领头羊、带头人自我提升。

长汀县古城镇黄泥坪村蜂之恋蜂业专业合作社负责人吴定炳是林下养蜂的技术能手。合作社成立之初，长汀有关部门在为吴定炳提供技术指导、政策支持的同时，还积极为其引荐或创造自我提升的机会和渠道，鼓励、支持他不断提升林下科学养蜂、林下种植等技术。吴定炳在有关部门的支持下，分别参加了 2015 年的新型职业农民、2018 年至 2019 年的中华同心温暖工程——国家生态县水保人才、2019 年龙岩市贫困村创业致富带头人、2020 年福建省创业致富带头人等培训班的学习，掌握了过硬的养蜂本领和林下种植技术。吴定炳在自我提升的同时，还发挥其技术特长，为本村乃至长汀县周边乡镇的贫困户、林农传授蜜蜂养殖技术和经验，手把手教蜂农养蜂致富。在长汀有关部门的扶持下，合作社养蜂长期稳定在 3,000 箱左右，年产量 45,000 斤，产值 225 万元。此外，合作社还长期承担当地政府激励性扶贫养蜂项目，合作社统一提供蜂蜜（蜂箱和蜂种），并帮助技术指导、产品回收，带动全县 312 户养蜂约 1,992 箱，实现产值 150 万元，户均增收 5,000 元。此外，合作社还大力发展林下种植竹荪及其他中草药等，总产值达 1,000 多万元。长汀通过这些方式，形成了技术赋能、新业态引领的乡村振兴之路，有力地推动当地产业兴、百姓富。

二是健全社会保障体系。社会保障对国家的经济社会发展有着重要的作用和影响。习近平强调："社会保障是保障和改善民生、维护社会公平、增进人民福祉的基本制度保障，是促进经济社会发展、实现广大人民群众共享改革发展成果的重要制度安排，发挥着民生保障安全网、收入分配调节器、经济运行减震器的作用，是治国安邦的大问题。"① 由此可见，健全社会保障体系，意味着让改革发展成果更多惠及人民群众，让人民群众共享。为此，长汀县将不断建立健全社会保障体系，深入实施全民参保计划，扩大社会保障覆盖面，精准高效推进社会保障工程建设，扩大新业态就业人员的社会保险覆盖范围，加大临时救助力度，推动实现城乡居民养老、医疗保险和低保应保尽保。同时，探索城乡居民医疗保险一体化机制，加快推动职业人群工伤保险全覆盖。此外，长汀县还不断总结提升基层医改经验，提升水土流失区远程医疗、家庭医生签约服务等工作水平，不断健全医疗卫生服务工作机制，让人民群众享有更高质量的医疗卫生服务。

三是拓展就业创业渠道，增加当地民众的收入。就业是民生之本，是改善人民群众生活的基本前提和基本途径，长汀县坚持把促进就业作为保障和改善民生的头等大事，把就业、创业与水土流失治理、生态文明建设、绿色产业发展对接，利用促进生产生活方式绿色转型来推进水土流失治理，推动形成新型产业业态，以拓展就业、创业渠道，增加当地人民群众的收入。同时，创新就业机制，加强就业政策与财税、产业、外贸、社保等政策相互贯通，实施更加积极、更高质量的就业促进政策。引导、鼓励灵活就业，促进创业带动就业，推动网络、数字平台经济等新业态和新的就业

---

① 《习近平谈治国理政》（第四卷），外文出版社 2022 年版，第 341 页。

模式健康发展，支持多渠道灵活就业。深入实施援企稳岗和重点群体就业帮扶专项行动，扎实做好退役军人、下岗失业人员、高校毕业生、农民工等重点群体就业工作。

在实际进程中，长汀依托现代网络媒体技术，发展电子商务业，开拓生态产品市场，扩大就业创业渠道，助力"产业兴、百姓富"。以互联网、移动互联网为依托的电子商务是现代兴起的服务行业，也是扩大市场，加速生产、分配、交换、消费各环节循环的有效手段，对于扩大产品市场，推动林下经济、生态产业发展具有十分重要的意义。长汀为了推动林下种植、生态农业的可持续发展，充分运用现代营销技术和手段，大力发展电子商务。长汀四都镇上蕉村从江西引进林下经济种植专业技术人员，指导村民发展林下经济。动员当地的大学生刘桂花回村创办电商中心，发展电子商务，利用农村淘宝在线上线下推介、销售林农产品，助推村民增收致富。长汀县河田镇车田寨村更是依托电商平台，加强林农产品、休闲康养、中草药保健品等的宣传和销售，扩大市场效应。位于长汀县河田镇车田寨村的晨露种养技术服务专业合作社依靠自身的工作经验与网络专业基础，建设自有网络平台，进行网上品牌创建、产品宣传、自有商城推介等，构建社区、家庭类私域经济网上生活圈，提升林农产品家庭体验的亲近度，形成以网络平台销售为主，门店、饭庄、酒店为辅，线上线下相结合，种、产、供、销为一体的营销模式，同时还为合作社的农户提供林下产业经营示范和产品销售保障。据长汀县林业部门介绍，2022年度合作社网络平台上黄花远志系列产品和其他农产品（河田鸡为主）的销售额达800万元左右。总的来说，长汀以发展网络经济新业态，开辟了当地经济发展的新方向，扩大了当地农户致富的渠道和空间，有力地推动乡村振兴和"美丽乡村"建设。

四是开发和挖掘红色文化、客家文化等优势资源，发展社会主义先进文化，推动文旅产业新业态的发展。文化振兴是推动乡村振兴的重要手段和途径，长汀拥有丰富的红色、历史、客家、生态等资源优势，当地将进一步开发和挖掘这些文化资源优势，大力发展社会主义先进文化，满足当地人民群众高质量的文化需求。一方面，长汀将红色文化、客家文化等与生态文明建设融合，推动客家文化（闽西）生态保护区建设，深入挖掘中央苏区经济文化内涵，实施原中央苏区革命文物集中连片保护利用工程，推进中央红色交通线等文化遗产保护利用，将它们打造成为富有特色的优势资源，既弘扬了社会主义先进文化，引领了经济社会的发展，同时又可以利用融合形成的独特文化资源优势，大力推动发展文旅产业等新业态，助力推动乡村振兴和美丽长汀的建设。另一方面，巩固提升省级文明县城创建成果，积极创建全国文明城市，抓住全媒体时代发展大势，深化县级融媒体中心建设和新时代文明实践中心（所、站）建设，培育和践行社会主义核心价值观，优化乡村振兴和美丽长汀建设的文化环境。此外，长汀还不断深化文化体制改革，推进文化基础设施建设，加强公共文化产品和服务供给，培育新兴文化业态，提高文化服务、经济社会

策武镇南坑村杏福大舞台

美丽的策武镇南坑村

发展的综合效能。

在实践中，长汀持续不断推动各社区、各村的精神文明建设，促进实现生活美的目标。长汀在依托上级政策扶持、资金支持等的基础上，充分发挥各村、各社区党政干部的引领力和当地百姓的创造力，在打造优美生态环境、推动产业振兴的同时，持续不断推进精神文明建设，积极进行美丽乡村、美丽社区建设。其间，长汀各村、各社区积极创建各类文娱休闲场所、设施，美化乡村和社区的生态环境、生活空间和文化环境，使乡土气息、美的元素融入当地百姓的生活中，为其创造生活美的空间和基础，提升当地百姓的生活质量，实现民众对美好幸福生活的需求。2021年以来，通过持续不断的建设，一幅幅美丽乡村、美丽社区的画卷正在长汀各村、各社区绘就形成。

五、实现生态美，构筑绿色发展的新优势

优美的生态环境是美丽长汀建设的重要内容，也是人民群众对美好幸福生活需求的重要组成部分，同时又是实现产业优、百姓富的重要根基和

条件。长汀将把水土流失全面性治理作为着力点，不断将原来的生态环境劣势转为向生态资源优势，以生态振兴推动长汀老区苏区高质量发展。为此，长汀在精准治理和深层治理水土流失方面再下苦功、推动水土流失治理取得全面性胜利的同时，还将水土流失治理、生态优化后创造的优势，转化为新兴业态发展的新优势，以产业兴推动百姓富，实现乡村振兴和美丽长汀的建设目标。

一是变生态优势为新兴产业优势，大力发展生态产业。长汀将持续推动水土流失的全面性治理，坚持生态治理与产业发展、民生改善并行，充分利用水土流失治理成果和优化后的生态优势，结合长汀当地特色优势，加快发展壮大林下经济、特色现代农业、生态旅游、乡村旅游、汀州美食等绿色富民产业，推动生态建设与产业发展有机融合，以生态优促进产业

汀江国家湿地公园

兴、百姓富。在美丽长汀建设中，长汀特别强调要建设好全国林下经济示范基地，形成典型示范，全面带动林下种植、林下养殖、林下产品加工等林下经济发展，并推动与生态资源相关的森林人家、森林康养、森林旅游等绿色产业链成熟发展，实现林业生态、林业产业、生态产业高质量发展，推动实现当地群众的福祉。此外，长汀还将着力推动各生态产业的提质升级，加快发展精深加工产业，提高林产品科技附加值和经济效益，提升生态惠民、生态利民、生态为民质量，让绿水青山就是金山银山的绿色发展理念生动展现在长汀红土大地上。

二是技术赋能，进行绿色提质升级，促进绿色、低碳、循环发展。长汀将坚定不移地践行"两山"发展理念，在发展中坚决守住生态保护红线、环境质量底线、资源利用上线，从工艺规范、技术设备等方面入手，以绿色科技为支撑，对长汀各类企业进行绿色改造、提质升级，推动产业发展向绿色转型，不断提升绿色经济比重。同时，长汀将认真贯彻《龙岩市长汀水土流失区生态文明建设促进条例》，加强项目治理点、示范点（村）的建设，形成"统一规划、统一作业设计、统一供应苗木、统一技术服务"

雪夜的美丽汀江

的建设模式，以建设点的典型示范作用，全面推动长汀全县绿色发展，实现专业化、精细化管理。此外，长汀当地将大力倡导绿色消费，促进当地人民群众形成绿色生活方式、消费观念，以绿色生活方式、消费观念倒逼生产方式进一步向绿色转变。

三是坚持整体思维、系统思维，以最严格制度最严密法治推动"美丽长汀"建设。坚持用整体思维、系统思维谋划长汀水土保持和生态文明建设工作，科学规划生态文明建设的目标，将水土保持和生态文明建设纳入长汀县"十四五"规划，科学制定2021—2035年长汀水土保持和生态文明建设的总体规划，明确全面决胜水土流失治理的指标体系以及美丽长汀的生态指标、经济指标、民生指标等，稳步推进生态文明建设，全面系统地构建山水林田湖草沙系统保护大格局，引领长汀高质量发展。同时，长汀还将坚持用最严格制度最严密法治推进水土保持和生态文明建设，不断创新生态文明建设的制度体系，如深化"林长制""河长制""生态110"等制度建设，用更完善的制度和法治来实现"管权治吏、增绿护蓝"的目的，推动生态文明建设，为人民群众创造出更优美的生态环境、更优质的生态产品，实现美丽长汀的目标。

总之，美丽中国是建成社会主义现代化强国的目标要求，也是广大人民群众千百年来的期盼，它是由每个地域、每个方位、每个过程的生态文明建设实践绘就的，美丽长汀就是其中一个壮丽篇章，它将生动展现习近平生态文明思想的实践伟力。长汀推进生态文明建设、实现美丽长汀的目标将在实践中为其他地方探索出一条由全国水土流失最严重的一个区域迈向产业优、百姓富、生态美的现实道路，将为美丽中国建设树立成功典范。在这一意义上，美丽中国需要千千万万的美丽长汀。有理由相信，在习近平生态文明思想的指引下，长汀人民在中国共产党的坚强领导下一定会取得水土流失治理的全面胜利，也一定能将自己的家乡建设成新时代的美丽家园，把美丽长汀的宏伟蓝图变成现实。

第五章

长汀经验　新时代生态文明的汇聚

人类文明发展至今，物质文明已经达到了前所未有的高度，当人类还在为能够征服自然而沾沾自喜之际，日益严重的生态危机却接踵而来，危及人类的生存与发展。良好的生态环境是当代社会发展的根基和条件，经济社会的发展需要千千万万的长汀经验。长汀经验是中国特色社会主义生态文明的实践典型，它既是生态文明建设的成就，也是党和国家建设生态文明信心、决心的生动展现，更体现了中国共产党推动实现美丽中国的庄严承诺。长汀绘就了一幅美丽中国的现实画卷，生动地展现出人与自然和谐相处的自然之美、充满活力的文化之美、百姓安居乐业的和谐之美、共享繁荣的生活之美。

美丽的汀江一角

理论链接 ——生态文明的特点和建设基础

随着经济社会的发展和社会生产力水平的提高，人民群众的根本利益需求内涵也发生了重大变化，朝更高层次、多样化方向发展，人民群众除了对物质文化生活提出更高的要求之外，包括民主、法治、公平、正义、安全以及优美生态环境等在内的需求已经成为其美好生活需求的重要组成部分。生态文明建设的目的就是要通过转变思维观念、生产生活方式，构建集约高效的生产空间、优美的生态空间，为经济社会的发展创造更好的根基和条件，从而创造出更丰富的物质文化产品，满足人民群众更高层次的物质文化需求，同时构建出一个更优美的生活空间和生态环境，为人民群众提供更优质的生态产品，满足人民群众对优美生态环境的需求，全面提高人们的生活水平和生活质量，促进人的自由全面发展。作为新形态的文明，生态文明建设是一项利在当代、功在千秋的伟大事业。

一、生态文明的主要特点

生态文明是人类对传统文明尤其是对工业文明反思形成的成果，是对待和处理人与自然关系的实践总结和升华。随着实践的发展，人们对生态文明的理解认识逐步深入、全面，作为一种更进步的文明形态，生态文明是一个不断建设、不断完善、不断发展变化的过程，它最终要实现的是一个人与人、人与社会、人与自然和谐共处的状态，进而促进人的全面自由发展。相较于传统文明和工业文明，生态文明具有时代性、全面性和系统性、生态性和可持续性，以及和谐性等独特特点。

首先，生态文明具有时代性特点。20世纪以来，工业文明快速发展，生产力水平快速提高，人类利用自然、改造自然的能力也快速提升，在不正确的发展观念影响下，特别是在资本主义社会中人们形成了不科学的生产方式、生活方式，片面地追求经济效益，忽视了社会效益和生态效益，带来了空气污染、水土污染、土壤污染、能源资源浪费、粮食短缺等一系列问题，生态问题成为工业文明阶段人类面临的时代课题。英国社会学家吉登斯直言：“（现代社会）犹如置身于朝向四方急驰狂奔的不可驾驭的力量（一种后面我将更详细地讨论的想象）之中，而不像处于一辆被小心翼翼控制并熟练地驾驶着的小车之中。”①中国在推进现代化的进程中，受工业文明观念的影响，同样出现了不科学的发展理念、发展方式，产生了生态环境问题，为此也付出了不少代价，严重影响了中国经济社会的发展和人民的福祉。显然，传统文明尤其是工业文明对待自然环境的方式和不科学的发展理念是造成生态问题的根源，如果任其继续发展下去，必将危及人类的生存和发展。人类不得不站在历史角度，反思自己走过的路，思考人类的前途命运和未来，直面生态环境问题，寻找有效的解决方案和更科学、更有利于人类未来的发展道路，生态文明应运而生。在这一意义上，生态文明是时代发展的产物，是回应传统文明、工业文明中出现的生态问题这一时代课题而产生的文明成果，生态文明是人类社会发展到一定阶段而出现的更高的文明形态，是超越传统文明、工业文明而出现的更先进的文明形态。因此，时代性是生态文明的鲜明特点。

其次，生态文明具有全面性和系统性的特点。自然生态既包含山、水、林、田、湖、草、沙等生态子系统，也包含森林、草场、湿地、耕地、海洋、大气等不同要素。各个子系统和生态要素相互关联、相互影响，共同构成了一个完整的生态大系统，生态系统内部任何一个要素缺失、功能丧失，或者任何一个子系统内部不协调，都会引起整个生态系统的失衡，引发生态问题、生态危机。生态系统的这些特性决定了生态文明具有全面性、系统性的特点，也决定着生态文明建设必定是一个整体性的工程。生态文

---

① ［英］安东尼·吉登斯：《现代性的后果》，田禾译，译林出版社 2000 年版，第 47 页。

明的全面性和系统性是指生态文明是一个经济、政治、文化、社会、生态协调发展、全面发展的文明，是各子系统、系统内各要素相互促进、共同发展的状态。从系统的整体性、全面性来看，生态文明建设既要注重自然生态治理、修复和保护，也要促进各子系统、系统内各生态要素有序发展、协调发展、循环发展；既要注重各子系统、各要素的修复和建设，也要注重子系统间、各要素间的相互促进、相互协调，实现生态系统内部良性循环，各要素生生不息。从生态文明建设的实践来看，生态文明建设是社会主义现代化建设的基本目标之一，也是"五位一体"总体布局的一个重要内容，这就要求我们既要重视对自然生态系统本身的保护和建设，也要重视加强经济、政治、文化和社会等领域的建设，使各个领域、各个方面相互促进、共同发展。同时，还要认识到生态文明不是单纯的生态层面的建设工程，它是一个全面性、系统性的工程，要认识到生态文明建设既可以带来生态效益，也可以带来经济效益、社会效益，三者是相辅相成、相互促进的。如20世纪90年代以来，我国开始对东北林区实施天然林保护工程，经过长期不懈的保护和修复，东北林区的生态逐渐修复，当地的经济发展也有了更好的根基和条件。因此，生态文明是生态系统全面发展的过程，也是一个涉及经济、政治、文化、社会和生态建设在内的全面性、系统性工程，全面性和系统性是生态文明的典型特征。

再次，生态文明具有生态性和可持续性的特点。现代工业文明，特别是资本主义工业文明，在人类中心主义价值观和资本逻辑的主导、推动下，将人置于绝对中心的位置，把人的需求特别是物质利益需求的满足作为生产生活的行为准则，自然被视为人们获取物质财富、满足物质利益欲望直接、便捷的对象，人类无休止地、过度地向自然界伸手。资本主义工业文明的做法超出了资源环境的承载力，违背了自然规律，造成了人与自然关系的对立和紧张，这种发展方式是以牺牲资源环境最终是以牺牲人的生存发展为代价的，它必然不是一条绿色的、可持续的发展道路。生态文明作为超越工业文明的发展方式和文明成果，它强调的是尊重自然、顺应自然、保护自然的文明观念，要求全面转变生产方式、生活方式，走绿色、低碳、循环的发展道路，形成以资源环境承载力为基础、以自然规律为准则、以可持续发展为目标的资源节约型、环境友好型社会。很显然，生态文明正确地认识和把握了人与自然的关系，把生产发展、生活富裕、生态良好有机统一起来，以推动经济社会系统与自然生态系统的良性循环和可持续发展，实现人与自然和谐共生。在这一意义上，生态文明之路是绿色的可持续发展道路，生态性和可持续性是生态文明的又一典型特征。

最后，生态文明具有和谐性的特点。传统文明和工业文明都未能正确地认识和对待自然，将人和自然割裂开来，甚至将自然视为屈从于人类的对象，无视自然规律，在经济建设过程中只讲从自然界中无尽地索取，而不讲投入；只讲利用自然，实现发展，而不讲对自然环境的保护和修复。传统文明尤其是工业文明的这些态度和行为严重扭曲了人与自然的关系，破坏了人与自然的和谐共生，最终摧毁经济社会发展的根基和条件，导致人与人之间、人与社会之间关系不和谐。生态文明作为对传统文明和工业文明的反思，是在推进物质文明建设过程中保护和改善生态环境形成的实践成果，也是人的认识发展到更高阶段的产物，反映出人类对人与自然关系的科学认识。在实践中，生态文明主张转变工业文明不科学的生产方式、生活方式，要求在物质文明建设过程中以自然规律为依归，走生产发展、生活富裕、生态良好的文明发展道路，通过统筹协调好经济发展、社会进步与资源环境之间的关系，推动经济、政治、文化、社会和生态各领域的全面发展，实现人与人、人与社会、人与自然之间整体和谐。由此可见，和谐是生态文明的理想和价值目标，和谐性同样是生态文明的典型特征。当然，我们也要认识到，在生态文明建设进程中必然会面临许多困难和挑战，推动实现人与人、人与社会、人与自然的整体和谐，需要长期坚持和努力，只要我们深刻把握好生态文明建设的目标、任务和要求，我们终将实现生态文明的目标。

二、生态文明的建设基础

第一，人类社会生产力的发展是建设生态文明的物质基础。社会生产力是推动人类社会由低级往高级方向发展的决定力量，生态文明作为超越资本主义工业文明更高形式的文明，同样是社会生产力推动的结果。在人类社会发展进程中，社会生产力不断朝前进步，这是不以人的意志为转移的。不断进步的社会生产力是生态文明形成和发展的物质力量，离开了高度发达的生产力发展水平，难以建成真正意义上的生态文明。在这一意义上，资本主义社会创造的生产力条件是建设生态文明的物质基础。众所周知，生态文明是超越传统文明和资本主义工业文明的文明形式。但是，它的超越不是割裂了与传统文明特别是资本主义工业文明之间的联系，它非但不是割裂，反而是继承工业文明创造的物质基础、吸收了传统文明和工业文明的一些有益成果，扬弃了工业文明阻碍生产力发展、破坏了人与自然关系的不科学的生产方式、生活方式，以新的、更科学的发展思路、发展方式、发展办法来推动生产力进步，促进经济社会的可持续发展和人与自然的和谐共生。

工业文明所创造的物质财富可以为生态文明建设提供物质条件。从18世纪开始，工业文明尤其是资本主义工业文明发展到今天，经历四次科技革命，历次的科技革命给资本主义社会带来了巨大的科学进步，极大推动了生产力发展，由此创造出庞大的物质财富，一定程度上提高了人们的生活水平、改变了人们的思想认识，促使人类社会发生了巨大变革。生态文明建设是一个系统性、整体性的工程，自然生态内部各系统、生态要素的修复和保护以及与自然生态相关的其他各领域和各方面的建设，都需要雄厚的物质基础支撑。毫无疑问，工业文明所创造的巨大物质财富可以为生态文明建设提供所需的资金、生产条件、生活资料等物质基础，有力地推动生态文明建设和发展。

工业文明所创造的科学技术可以为生态文明建设提供技术条件和科技力量。工业文明以来，大气污染、水体污染、土壤污染等环境问题日益突出，生态破坏呈高发态势，人类面临着气候变化、生物多样性丧失、荒漠化加剧、极端气候事件频发等严重的生态安全问题，这些问题已危及人类的生存发展，生态文明建设成为关乎人类生产发展、社会文明进步极端重要的工程。然而，生态文明建设，如污染防治、气候变化应对、生物多样性保护和修复、节能减排、清洁能源开发运用与绿色发展等，既需要物质基础的保障，也需要科技力量和技术手段的支撑，失去了这些条件，生态文明建设的目标难以实现。因此，工业文明的生产方式、生活方式一方面催生了生态问题的同时，但另一方面工业文明又创造出发达的生产力水平和先进的科学技术，这给生态环境治理和生态文明建设提供了有力的科学力量、技术条件。同时，工业文明还为生态文明建设提供了一定的治理技术和治理经验。工业文明所带来的生态问题使资本主义社会陷入严重的生产生活困境，制约了其进一步发展。对此，资本主义社会也采取了一些手段、措施试图加以解决，虽然未能从根本上达到目的，但是在实践过程中，它们积累了一定的治理技术、治理经验，如绿色低碳生产技术、清洁能源技术、节能减排技术、环境污染治理经验等，这些治理技术和治理经验为生态文明建设提供了可资利用的基础。

第二，对工业文明传统发展方式的反思是生态文明产生的实践基础。资本主义工业文明带来生产力快速发展的同时，也导致了环境污染日趋严重、生态危机频发等问题。在处理经济发展与自然环境关系上，资本主义工业文明走的是一条"先污染，后治理"的发展道路，特别是在资本主义世界重大生态危机频发之前，资本主义工业文明长期坚持的是一种高消耗、高污染的发展模式。这种以牺牲自然环境为代价的发展模式最终导致了20世纪中后期发达国家重大生态安全问题频频爆发，最为典型的是"全球八大公害事件"。一系列重大生态安全事件爆发后，发达的资本主义国家开始重视和治理自身的生态问题，不断地将高耗费、高污染的工业转移到发展中国家以及将垃圾出口到其他国家，形成了"生产在发展中国家——消费在发达国家——垃圾处理、环境污染在发展中国家"等转移污染的方式来处理其自身生态环境问题。资本主义工业文明的生态问题是资本主义的发展道路和模式造成的，这种发展道路和发展模式对自然生态的破坏性极大，不但造成人与人、人与社会、人与自然之间关系的不和谐，而且还加剧了国与国、民族与民族之间的矛盾和冲突，并引发了全球性生态问题，严重危害了人类社会的安全和发展。生态文明的产生是对资本主义工业文明的反思结果，它吸取了传统文明特别是工业文明的教训，强调改变资本主义工业文明不合理的经济发展方式和生活方式，以更科学、更正确的方式处理经济社会发展与自然生态之间的关系，实现人与自然的和谐共生，生态文明是对资本主义工业文明扬弃而出现的新的文明形态。

生态文明是对人与自然关系深刻反思的结果。工业文明所取得的发展成果是建立在对自然征服的基础之上的，生态文明深刻反思工业文明不合理地对待人与自然关系的态度，确立正确的人与自然观念。在工业文明那里，自然是一个"取之不尽用之不竭"的对象，人们秉持这种不正确的自然观念，凭借着强大的科技力量，无休止地开动机器、无节制地开发和利用自然资源、无情地破坏生态环境，创造出庞大的物质生产力，实现了人类的物质欲望。然而，自然环境在人类的任意破坏下失去平衡，随之而来的是自然资源的枯竭和层出不穷的生态问题，如大气污染、土壤污染、水资源污染、水土流失、土地沙化、洪涝灾害等环境问题，甚至出现了重大疾病疫情蔓延，危及人类的生存和未来。工业文明造成的环境代价是无法估量的，有的需要花费几倍、几十倍，甚至几百倍的代价来修复，有的甚至永远无法修复，如物种灭绝、冰川消融等。工业文明不合理的生产方式、生活方式引发的生态问题引起世界各国人民的反思，由此推动生态文明树立正确地对待自然生态的观念，转变生产生活方式，促进人与自然和谐共生，实现经济社会的发展。

在生态文明那里，自然界不是人类的奴役对象，人也不是被动地依附自然，人既是自然的改造者，又是自然的建设者和维护者，人与自然应该是和谐共生的关系。一方面，人类在尊重自然规律、顺应自然规律的条件下，可以合理地开发利用自然为人类造福。生态文明将人类视为自然的一个成员，人类应平等地对待自然界中其他成员、与其他成员和谐相处，而不是将自身视为自然界的主宰者和征服者。科技既是作为人类改造自然、实现经济社会发展的手段，又是解决自然生态问题、维护自然生态系统良性循环、建设人类美好家园的有力手段，而不是将它作为人类征服自然、掠夺自然的力量的延伸。另一方面，又要求我们在开发利用自然过程中，应以自然承载力为基础、以自然规律为依归，既讲发展，又讲保护；既讲开发，又讲建设；既讲索取，又讲投入；既讲利用，又讲修复，在推动经济社会发展的同时，促进人与自然和谐共生，实现可持续发展目标。

生态文明是对工业文明的人与社会关系反思中形成的。资本主义工业文明是建立在生产资料资本主义私有制基础上的，资本的噬利本性决定了以牺牲自然生态为代价换得的工业文明成果为少数资本家享有，而广大人民却无法均等共享，即使在最能实现普惠性和均衡性的生态环境、生态产品面前，资本家也是尽可能地多占或独享，如资本家拥占环境优美、基础设施完善的郊区，而把拥挤不堪、社会治安不佳、环境污染问题突出的街区留给广大底层人民。资本主义工业文明的生产方式和发展成果是为资本创造的、服务的，在资本主义社会内部必然出现贫富悬殊、两极分化，必然导致人与人、人与社会之间的矛盾激化。在资本主义社会外部，资本的噬利和掠夺本质必然驱使资本主义国家（作为总资本家）到世界各地掠夺资源能源等生产资料，四处开拓市场、输出资本、攫取利益，到处转移环境污染、转嫁生态危机，以获取高额的利润、高质量的生活资料、自身优美的生态环境等供自身享有，此举加剧了发展中国家的贫穷、落后，并使生态问题向全球蔓延、恶化。资本主义工业文明加深了发展中国家与发达国家之间的鸿沟，进一步激化国与国之间、民族之间的矛盾，导致全球性人与人、人与社会之间关系的失衡和矛盾。

资本主义工业文明之下，人与人、人与社会之间的关系和矛盾不断尖锐化，导致社会的不稳定甚至引发社会动荡，最终反过来制约经济社会的发展。生态文明是对资本主义工业文明带来的问题进行深刻反思形成的结果，它强调在推动经济社会发展的同时，加强对自然生态的保护和修复，构建资源节约型、环境友好型社会，进而为广大人民群众提供普惠、均衡的生态产品，满足人民群众对优美生态环境的需求，促进人与人、人与社会的和谐。同时，生态文明强调，生态安全问题是全球性的挑战，在全球生态环境问题上，世界各国人民是命运共同体，任何国家、民族都无法置身其外，世界各国人民应携手一道，秉持"共同但有区别的责任、公平、各自能力等重要原则"，共同应对来自自然生态领域的挑战。在生态环境治理和建设上，世界各国应相互合作，发达国家应放弃对发展中国家采取的掠夺式发展方式和生态环境治理上的不平等要求和责任，并在资金、节能减排、治理污染、低碳发展等方面多给予发展中国家更多的支持和帮助，发展中国家也应承担相应的责任，共同推动生态文明建设，实现人类社会的永续发展。

生态文明是顺应人类社会发展规律而出现的文明形态，是对工业文明生产方式和生活方式的扬弃和发展。唯物史观认为，生产力与生产关系的矛盾是推动人类社会发展的根本动力，在生产力的推动下，人类社会必然由低级往高级方向发展，社会主义社会作为取代资本主义社会而出现的更高级、最优越的社会形态，是一个全面发展的社会，生态文明作为社会主义社会的其中一个重要内容，与经济建设、政治建设、文化建设、社会建设一道，共同描绘了社会主义社会的壮美景象，是社会主义现代化建设的题中之义。从人类社会文明演进的历史进程来看，在生产力的推动下，人类社会从原始文明到农业文明，再到工业文明，最终将进入到生态文明，是一个由低级向高级方向演进的历程。在这一意义上，生态文明是社会生产力发展的结果，应建立在更有利于生产力发展的、更先进的生产关系和社会制度的基础上，也只有建立更先进的生产关系和社会制度的基础之上，才能真正实现生态文明，满足人民对美好幸福生活的需求，促进人的自由全面发展。因此，生态文明是超越工业文明的文明形态，是顺应社会生产力发展规律而出现的更高的文明形态。

生态文明必将抛弃工业文明不合理的生产方式和生活方式，走绿色、低碳、循环、人与自然和谐共生的发展方式。工业文明代表的是资本主义生产关系之下的文明形态，建立在生产资料资本主义私有制基础上的工业文明深深带上资本的逻辑烙印，形成了物质主义、利益至上的生产方式和生活方式，表现为以个人主义为核心的价值观念、对利润的追求、对物质利益的追逐、对个人利益的推崇等，这些都是资本逻辑决定的，是资本意志的体现。其中，个人主义的价值观与物质利益的欲望相结合，就会形成资本主义工业文明的生态观，就会产生以牺牲自然资源、生态环境为代价的、"人类中心主义"的生产方式、生活方式。这种盲目追求经济增长的发展方式自然而然会造成资源浪费、环境污染、生态破坏等问题，必将导致人与人、人与社会、人与自然的不和谐，阻碍了经济社会的发展，限制了人的全面自由发展，牺牲了人类社会的未来。这种发展方式违背了人类社会的发展规律，并将被更加文明、更优越的生态文明的发展方式所取代。生态文明必定抛弃以牺牲自然环境为代价的发展方式，走生产发展、生活富裕、生态良好的发展道路，坚持绿色发展、低碳发展、循环发展，形成有利于经济社会发展和生态环境保护的生产方式、生活方式，以科学的自然观、发展观、民生观、治理观、全球生态观，全面推进经济、政治、文化、社会、生态各领域建设，推动实现人与自然的和谐共生，促进人的全面自由发展。我们也应认识到，生态文明建设是一个统筹经济社会发展和自然生态保护、修复的过程，它不是一蹴而就的，也不是到某个时间节点就突然到来的静止事物，而是一个人与自然和谐互动、良性发展的状态。

第一节　长汀经验　观念转变的新典范

美丽中国建设是中国"五位一体"总体布局的战略目标，长汀经验正是长汀人民在推进这一目标中形成的实践经验。党的十八大报告指出："把生态文明建设放在突出地位，融入经济建设、政治建设、文化建设、社会建设各方面和全过程，努力建设美丽中国，实现中华民族永续发展。"①这一方面充分体现了中国共产党以人为本、执政为民的理念，顺应了人民群众

长汀策武镇南坑村风光

长汀县美丽乡村建设以长汀生态经济走廊为主线，产业、文化、生态特色村为重点，以垃圾卫生治理为前提，以周边环境整治为基础，以美化绿化亮化作促进，以生态环境保护为内涵，以完善公共配套为要素，以文化、产业、旅游发展为提升，以民风改善机制建设为保障，推动全县美丽乡村建设。图为长汀策武镇南坑村，积极发挥生态优势和特色，不但打造了适宜人们生活居住的美好环境，而且通过这一优势有力带动了当地经济的发展。

---

① 《胡锦涛文选》（第三卷），第 644 页。

追求美好生活的新期待，另一方面体现出中国共产党对于生态文明的理解和认识到了新的科学高度。党的二十大报告也指出，"尊重自然、顺应自然、保护自然，是全面建设社会主义现代化国家的内在要求"，建设生态文明、构建人与自然和谐共生的现代化是美丽中国的具体内容，是推进实现这一目标的必然路径，也是我们党推动科学发展、造福全国人民、实现人民对美好幸福生活需要的深刻体现。建设生态文明、构建人与自然和谐共生的现代化贯穿于经济、政治、文化、社会、生态等各个方面。福建长汀近年来始终坚持习近平生态文明思想，围绕着为长汀人民提供更多优质生态产品，不断满足和实现长汀人民对优美生态环境需要的目标，因地制宜、转变理念、依靠科学、紧扣民生，不断推进长汀走人与自然和谐共生的现代化道路，引导当地人民走"宜居宜业和美"的共同富裕道路，取得了可喜的成绩，使长汀的生态环境发生了巨大的变化，长汀也由全国水土流失最严重的区域之一，变成了山清水秀、鸟语花香的美丽县城，逐步探索出一条绿色文明发展之路，实践出一条"生态惠民、生态利民、生态为民"的美丽幸福之路，形成了生态文明建设颇有成效的、可资借鉴的长汀经验。

一、人与自然和谐共生的新探索

长汀经验是正确认识和处理人与自然的关系、促进人与自然和谐共生的实践中形成的宝贵经验，也是尊重自然、顺应自然、保护自然的新实践。长汀水土流失问题的加剧有其历史原因。长期以来，长汀当地人民由于对自然规律认识不足，不能科学地对待人与自然的关系，长期对自然的过度索取超过了自然的可承受范围和自我修复能力，致使生态平衡遭到破坏，最终导致水土流失。众所周知，长汀大部分地区的地质条件属于南方独特的砂质红壤地区，自然生态条件比较脆弱，不利于传统农业的过度耕作和生产，历史原因造成了长汀当地比较贫穷、落后的基本面貌，再加上当地人一直秉持着靠山吃山、开荒种地等朴素的农耕思想，长期对土地、森林的过度开发利用，导致原本就比较脆弱的生态环境进一步遭到破坏，长汀地区水土流失问题更加严重，加剧了当地贫穷落后的状况。新中国成立以后，虽然当地政府开始重视水土流失问题，着手对这一问题进行治理。但是，有碍于根深蒂固的、不科学地对待人与自然关系的态度，再加上当地政府和百姓渴望较快地改变贫穷落后的经济文化面貌，过上温饱富足的生活，长汀延续了过去直接向自然伸手、向森林要地的生产生活方式，致使长汀当地水土流失问题日益堆积，越发严重，演变为全国水土流失最严重的地区之一。

20世纪80年代以来，长汀水土流失问题引起了党和国家的重视，在福建省委的领导下，长汀开启了较为系统地治理水土流失问题的艰辛历程。改革开放以来，长汀水土流失治理迎来了破解历史难题的新机遇。地方党委、政府在福建省委的领导下，带领当地人民治理水土流失问题，在治理过程中总结出许多新经验，其中最典型的就是《水土保持三字经》，即"责任制，最重要；严封山，要做到⋯⋯穷变富，水土保；三字经，永记牢"。《水土保持三字经》展现出当地政府和人民对待人与自然关系的观念的转变，初步认识到尊重自然规律、保护自然生态对于水土流失治理、水土保持、致富发展的重要性，开始把保护山林和经济发展联系起来，长汀水土流失治理由此开始走向有效治理的阶段。

1996年至2001年，长汀水土流失治理迎来了新的篇章。在福建省委的领导下，当地党委、政府在治理长汀水土流失的实践中，逐渐摸索、积累出一些科学的经验，也在治理实践中逐步转变了对待自然的旧有观念，进一步认识到合理开发利用自然的重要性，这在思想观念上为长汀水土流失治理创造了有利的条件。1996年至2001年，时任福建省领导的习近平多次深入长汀进行调研，为治理长汀水土流失问题进行科学指导，为长汀当地农业产业化发展开出了精准的药方。在习近平的科学指导和精准把脉下，长汀当地人民从根本上改变了旧有的生产发展思路和观念，正确认识、处理人与自然的关系，下定决心、下大力气，科学施策、精准治理、有序发展，长汀水土流失治理取得了明显的成效，生态环境发生了很大的转变，当地政府和人类在着力推进水土流失综合治理的同时，也逐步探索、实践出了一条绿色产业发展道路。党的十八大以来，在习近平新时代中国特色社会主义思想的指引下，长汀人民牢记习近平的嘱托，牢固树立人与自然是生命共同体的理念，坚持人与自然和谐共生的绿色发展道路，形成了有利于当地经济社会发展和自然环境保护的产业布局、生产生活方式，长汀当地也由此踏上经济社会与生态环境协调发展的新征程。可以这么说，长汀由水土流失严重地区走向大治，最终走向绿色生态发展之路，是转变自然观念、生产生活方式的结果，长汀经验也是坚持人与自然和谐共生、坚持生态文明发展道路的成功实践。

长汀水土流失治理实践深刻地昭示出，长汀未来的发展必须始终坚定不移地坚持人与自然和谐共生的理念。长汀水土流失综合治理以及当下长汀走向绿色发展道路的成功实践生动地展现出，人与自然是生命共同体，应当正确处理人与自然的关系，科学合理地利用自然、开发自然。同时，还应当深刻地认识到，生态环境没有替代品，要尊重自然规律，合理地利用自然、友好地对待和保护自然。无序地开发自然、过度地攫取自然、粗暴地掠夺自然，必然遭到自然界的惩罚和报复，人类对自然的伤害必然最终伤害人类自身。长汀经验也告诉我们，在未来的发展实践中，我们应当坚定不移地坚持人与自然和谐共生的理念，坚持走绿色生产发展道路，正如习近平曾深刻地指出，"在生态环境保护上，一定要树立大局观、长远观、整体观，不能因小失大、顾此失彼、寅吃卯粮、急功近利"[①]。只有树立生态文明理念，才能真正实现生产发展、生活富裕、生态良好的目标。

长汀经验的形成还得益于长汀人民思想观念的转变。长汀水土流失问

---

① 《习近平谈治国理政》（第二卷），外文出版社 2017 年版，第 209 页。

题的生成与当地百姓过度的活动，超出了自然环境自我修复的能力有关，因此，要实现水土流失治理的目标，转变当地人民的生产生活观念，促进当地形成绿色生产生活方式显得十分重要。为了实现这些目标，当地党委、政府利用各种途径对当地百姓进行引导教育。这些途径既有法律法规和各种规定的约束和调整，也有各种宣传方式和宣传渠道的教育，如充分利用各种宣传栏、宣传资料开展普及教育、农业科技普及，不间断地对当地民众进行生态文明理念和绿色生产生活观念的宣传教育。同时，长汀还利用当地农村各种农历节日或圩日，依托多样、热闹的民俗活动等进行宣传。这些宣传教育内容丰富，形式鲜活多样，潜移默化地改变当地百姓的思想认识和生产生活观念，有力地促进了当地人民群众观念的转变和良好的生产生活方式的形成，使得生态文明理念日益深入人心。

观念的转变带来了当地百姓行动的改变，绿色生产生活方式已日益成为当地人民的自觉行为。在党和政府坚强有力的领导下，长汀人的生产生活观念发生了转变。当地百姓观念的转变体现在他们的日常生活和工作实践中，如人们对于家庭厕所改造的支持，向河流倾倒垃圾不良习惯的改变，有意识地进行垃圾分类等，生态指标也成为美丽乡村建设、"五好家庭"建设等考核的重要指标。观念的转变也带动了当地百姓自觉地融入水土流失治理、生态保护和修复的行动中。经过长期实践的努力，长汀当地不仅水土流失问题得以治理、荒山变绿地，当地百姓的生活方式也发生了悄然变化。村民们建起了化粪池，对生活垃圾进行了分类和集中处理，各家各户也像城里人一样，开始用上自来水和抽水马桶，昔日的溪流变得清澈干净。长汀开启了新时代农村发展的新天地、新格局。

二、绿色发展理念的新践行

长汀由全国水土流失严重的地区转变为生态修复、生态文明建设的示范基地和成功案例，是绿色发展理念的新践行，是习近平生态文明思想的生动实践。绿水青山就是金山银山的绿色发展理念，将经济社会发展与生态环境保护、经济社会效益与生态效益统一起来，是马克思主义发展观的新突破。长汀经验坚持的是绿水青山就是金山银山的绿色发展理念，它既使水土流失问题得到了根本治理，又为当地人民指明了一条绿色发展之路，沿着这条道路，当地生态环境变优美了，当地的百姓生活好起来了。长汀经验生动地诠释了经济社会发展与生态环境保护之间可以实现相互促进，揭示出保护生态环境就是保护生产力、改善生态环境就是发展生产力的深刻内涵。长汀水土流失治理和生态文明建设成就的取得是践行绿色发展理念的成果，也是在实践中转变经济发展观念、经济发展方式和生活方式取得的成就。

历史地看，长汀水土流失问题的形成与当地片面的经济发展观念密切关联。在过去很长时间里，当地人民片面地认识生产发展方式，割裂了生产力发展与生态环境保护和建设之间的辩证统一关系，未能充分认识到绿水青山既是自然财富、生态财富，又是社会财富、经济财富的深刻道理。众所周知，长汀当地众多地方土地贫瘠，生产生活条件恶劣，当地人民生活困苦。为了改善贫穷落后的面貌，解决温饱问题，当地人民延续了过去的错误做法，试图通过牺牲绿水青山来换得金山银山，毁林垦田，扩大耕地，种植粮食。在当地群众心里，以为多垦田、多种粮，就能增加粮食生产，解决温饱问题，改善当地贫穷落后的经济面貌。然而，事与愿违，通过毁林垦田，扩大粮食种植面积，不但不能增加粮食生产，改善经济生活，反而使原本就恶劣的自然生态条件进一步恶化，加剧当地的水土流失，陷入开山毁林、垦田种地与水土流失加剧的恶性循环之中。面对这一困境，当地不得不投入更大的人力、物力和财力去治理水土流失，使得原本已经捉襟见肘的经济状况更加困难，进一步限制了当地的经济发展和人民生活水平的改善。

水土流失加剧的现实促使长汀人民转变生产生活方式，在追求"金山银山"的同时，开始重视"绿水青山"的修复与保护。历史上，长汀由于不考虑或者很少考虑环境承载力，一味地向自然伸手，只讲利用、开发，忽视了对自然的建设、保护和修复，加剧了长汀水土流失，恶化了生产生活条件，当地的贫穷和落后长期难以得到实质性改变。现实的问题和压力日益增长，使得当地日益意识到如果不转变发展观念、不改变生产发展方式以及不统筹好水土流失治理、生态环境保护和经济发展之间的关系，难以从根本上治理水土流失，难以改变当地贫穷落后的状况。在这些现实压力下，20世纪80年代开始，长汀认识到水土流失治理和生态环境修复保护的重要性，着手加大水土流失治理力度，逐步出台了一些行政法规、政策规定等，约束和转变当地人民的错误生产生活行为，采取措施保护森林植被，在治理水土流失的同时，改善当地生产生活的自然环境，为经济发展创造条件，促使当地百姓逐步摆脱贫穷落后的面貌。由此可见，虽然这一时期主要是恶劣的客观环境倒逼当地开始着手转变当地百姓的思想认识，改变旧有的试图以"靠山吃山、开荒种地"来增加收入的发展模式，但是很显然长汀已经意识到自然生态保护与经济发展、民生改善的相互关联性，认识到"绿水青山"是经济发展、民生改善的前提条件，而不是放任当地百姓继续采取以牺牲"绿水青山"来换取难以实现的经济发展、民生改善目标的发展方式。这其实就是对传统发展观的反思性认识，它有助于绿色发展理念的萌芽。

1996年开始，长汀进一步转变发展方式，将产业发展与生态治理、民生改善结合，以产业带动发展，推动经济发展走绿色发展道路。长汀水土流失问题和当地人民群众的贫穷落后状况长期得不到实质性改变，引起福建省委和时任福建省委副书记习近平的重视。1996年5月4日，习近平在长汀调研中为当地农业产业化发展开出了一剂精准的药方："一是要注意选择好主导产业；二是要注意通过技术发展产业化；三是大力扶持龙头企业；四是要建立有相当规模的基地。从政府行为来说，要通过制定政策、规范理顺关系、寻找突破口、推广经验，把产业化带动起来"①。在福建省委的领导下，长汀当地结合习近平开出的药方，进一步将产业发展与水土流失综合治理、民生改善结合，寻找产业发展方向，探索水土流失治理新方法、绿色发展新道路，特别是有意识地引导当地农民发展绿色产业、生态农业等，以绿色产业带动发展，以产业生态化改善民生，推动当地生产生活方式绿色转型，为水土流失问题的根治创造了有利的条件，也为未来"生态产业化、产业生态化"道路的形成奠定了一定的基础，这其实就是在探索和实践绿色发展理念。

党的十八大以来，长汀当地逐步践行出一条生态产业化、产业生态化的发展道路，长汀开始步入人与自然和谐共生发展的新时代。在习近平新时代中国特色社会主义思想的指引下，长汀当地秉持绿水青山就是金山银山的绿色发展理念，以"滴水穿石，人一我十，治理水土"的精神，接续奋斗，运用科学方法治理水土流失问题，既把构筑良好的生态环境作为根治水土流失问题、实现经济社会发展的根基，又将优美的生态环境、绿水青山视为长汀可持续发展的新机会和最大优势。在实践中，以扩大森林植被、增加绿植面积、优化自然环境为治理水土流失的抓手，同时又将水土流失治理方式与绿色产业发展道路相联接，发展出绿色养殖、绿色种植、现代农业产业、旅游康养、网络电商（现代农业相关的）等新经济业态，充分展现出绿水青山就是最大财富、最大优势，使绿水青山成为新兴业态产生的最大优势。如长汀当地企业家蔡伟业在南山村创办了永茂油茶发展有限公司，建立油茶生态园 1,200 亩，生态休闲旅游区 800 亩，并采用"公司＋基地＋农户"的产业发展模式，把生态产业发展、生态环境建设与当地群众脱贫致富结合起来，带动周边民众走生态种养致富之路。据报道，该公司 2017 年实现产值 500 万元，初步建成以生态油茶产业与旅游观光休

---

① 陈丽珠：《习近平同志五次长汀行》，《福建党史月刊》2015 年第 8 期，第 26 页。

闲相结合的"绿水青山就是金山银山"实践示范基地。[①]

长汀绿色发展之路得益于发展理念的转变，长汀绿色发展经验有效地激活了土地、劳动力、资产等要素，绿水青山也为长汀新经济业态的生成提供基础、条件和空间，实现了金山银山质和量的双重提升，而经济发展质和量的提升又进一步回馈、反哺了绿水青山，促进绿色生产力的发展，这其实就是绿水青山就是金山银山绿色发展理念的生动体现。

长汀经验是绿色生产力观的新实践，更是习近平生态文明思想的新践行，生动诠释了科学思想的伟力。长汀水土流失治理走的是科学治理和绿色发展相结合的可持续道路，正因为坚持了绿水青山就是金山银山的绿色发展理念，把生态治理与经济社会发展、民生改善统一起来，实现了长汀生态环境根本性改变，由此形成了长汀经验。据统计，截至 2020 年年底，长汀森林覆盖率提高到 80.31%，农村居民人均可支配收入 18,149 元。另据悉，2017 年，长汀成为第一批国家生态文明建设示范县，同时还成为"绿水青山就是金山银山"创新实践基地。2020 年，长汀县水土流失综合治理与生态修复成功入选联合国《生物多样性公约》第十五次缔约方大会（COP15）生态修复典型案例，"长汀经验"开始走向世界。[②] 长汀也从过去的"火焰山"转变成现在的"花果山"，从之前全国水土流失最严重的区域之一到现在的"水土治理典范"，从原来的"山光、水浊、田瘦"变成现在的"山肥、水美、田丰"，拥有了宜居宜业和美的环境。长汀经验为饱受水土流失之苦的地区提供了从生态恢复、生态脱贫到生态振兴的新模式。长汀水土流失综合治理和生态文明建设取得的巨大成就是不断践行习近平生态文明思想，将"两山论"这一绿色发展理念运用到水土流失综

[①]　马跃华：《福建长汀：百姓畅享绿色幸福》，《光明日报》2018 年 11 月 06 日第 07 版。
[②]　安黎哲、林震、张志强：《长汀经验，"生态兴则文明兴"的生态诠释》，《光明日报》2021 年 12 月 18 日第 09 版。

合治理和生态文明建设实践中取得的成果，生动诠释出科学思想的磅礴力量。

三、为人民谋幸福价值追求的新展现

打好水土流失综合治理攻坚战，为长汀当地人民创造良好的发展环境和条件。为中国人民谋幸福、为中华民族谋复兴是中国共产党的初心使命，对于长汀当地党委和政府而言，打好水土流失综合治理攻坚战、为长汀人民创造良好的生活环境和发展空间就是在践行党的初心使命，因为长汀水土流失问题严重制约当地的经济社会发展，阻碍了老百姓实现温饱、走向致富的进程。长汀水土流失问题牵挂着党和政府的心，从新中国成立伊始，长汀当地在上级党委和政府的领导下，开始治理水土流失问题，苦于当时生产力落后、经济基础差、自然条件恶劣等客观要素的约束，再加上当地人民尚未形成科学的人与自然关系的观念，长汀水土流失治理成效不明显。但是，党和政府始终未放弃治理长汀水土流失问题的工作，情系当地百姓，心系当地发展，坚持探索、寻找对策，坚持不懈治理水土流失问题，努力消除制约经济社会发展的"拦路虎"。从长汀水土流失治理的长期实践来看，党和政府始终围绕着当地百姓的切身利益和福祉，紧紧锚定水土流失治理这一关键性工作，全面推进生态环境的保护和建设，以构建有利于生产发展、生活富裕的良好生态环境。中国共产党人的初心使命也生动地体现在长汀当地党委和政府的治理举措上。为了更有效地治理水土流失，长汀当地建立和完善了治理主体责任制，如实行党政主要领导"双组长"制、"三级书记"抓水土保持和生态建设政治责任制等，同时还出台一系列优惠政策，如项目倾斜、资金扶持、基础设施配套等，调动多种资源、多方社会力量，激发治理内生动力，形成全社会共同参与水土流失治理的局面，这些举措无不体现出长汀当地党委和政府为民众谋利益、谋幸福的信心和决心。在这一意义上，治理水土流失、改善生态环境就是在优化人民群众的生产条件、生活空间，有了良好的生态条件，当地百姓就有了更好的致富条件和更优美的自然环境。因此，治理水土流失、改善生态环境本质上就是在改善民生，就是在为当地百姓谋利益、谋幸福。

发展绿色产业、走生态发展道路更是直接体现了中国共产党人为人民谋幸福的奋斗追求。为了更好地实现水土流失治理、实现经济社会可持续发展的目标，长汀党委和政府精心谋划绿色发展、生态振兴的道路，出台了一系列推动绿色发展的政策，如集体林权制度改革、生态公益林补偿机制等，引导、鼓励和支持当地百姓大力发展绿色产业，如生态农业、旅游文创产业等，实现了绿富共赢的目的。长汀经验已经不再像过去那样单纯依靠经济领域的发展来改善和提高人民的生活水平，而是将经济发展与生态环境的保护和建设统一起来，并从生态领域拓展了经济发展的新方向，有力地推动了当地百姓生活状况由贫穷落后、基本小康、全面小康到共同富裕的转变。在这一意义上，长汀的生态治理实践、绿色发展实践生动展现中国共产党人为人民谋幸福的奋斗追求。

同时我们必须要认识到，长汀水土流失的根治、发展道路的绿色转型是坚持习近平生态文明思想取得的成果，和习近平的殷殷嘱托和深深关切分不开。习近平一直关注当地老区发展和老区人民生活情况。他一再强调，"让老区人民过上好日子，是我们党的庄严承诺""我们党是全心全意为人民服务的党，将继续大力支持老区发展，让乡亲们日子越过越好"。① 他多次到长汀调研，对当地的水土流失治理工作进行科学指导，为长汀的产业发展和长汀人民脱贫致富进行把脉。1999 年 11 月 27 日，习近平在视察长汀万亩果园后，当即召开会议，听取长汀县领导汇报水土流失治理情况，并作出指示说："要把农业综合开发、山水田林路综合开发和小流

---

① 转引自陆娅楠、李心萍等：《让乡亲们日子越过越好》，《人民日报》2022 年 4 月 16 日第 01 版。

域水土流失综合治理结合起来，变劣势为优势，推动长汀经济的发展。要锲而不舍，统筹规划，用 8 到 10 年的时间，有所为，有所不为，完成流域治理目标。要有系统工程的理念，列出时间表，既搞经济林，又搞生态林，要分析自己有多少能力，再争取国家、省、市支持，完成国土整治，造福百姓。"①他说："省里将在政策、资金方面给予长汀倾斜，就是倾斜到腰都弯了，也要继续倾斜。"②2000 年 1 月 8 日，习近平在《关于请求重点扶持长汀县百万亩水土流失综合治理的请示》中作出批示，将长汀县百万亩水土流失综合治理列入福建省政府为民办实事项目，省财政拨款也由每年 80 万元提高到 1,000 万元。③2001 年 10 月 13 日，习近平以全国人大代表的身份来检查省委、省政府为民办实事项目——长汀水土流失治理的落实情况。他语重心长地对在场的人员说："为了让人民群众生活在山清水秀的优美环境里，还要继续发扬谷文昌精神，一任接着一任干，锲而不舍抓下去。"④ 在习近平的关心下，在福建省委的领导下，当地党委、政府带领长汀人民，经过坚持不懈的努力，水土流失状况终于得到彻底扭转，长汀人民也踏上致富奔小康的幸福道路。长汀水土流失综合治理清晰地展现出中国共产党人为人民谋幸福的奋斗追求，生动展现出中国共产党人的初心使命。

良好生态环境也是民生，是最普惠的民生福祉。21 世纪初，在党和政府的领导下，长汀当地人民以"滴水穿石，人一我十"的精神，在水土流失综合治理上接续奋斗、持续发力，长汀水土流失综合治理取得实质性进展和可喜的成绩，当地老百姓的生产生活环境得到很好的改善。党的十八大以来，在习近平新时代中国特色社会主义思想的指引下，长汀人民在上

---

① 中央党校采访实录编辑室：《习近平在福建》（下），第 151 页。
② 中央党校采访实录编辑室：《习近平在福建》（下），第 151 页。
③ 中央党校采访实录编辑室：《习近平在福建》（下），第 152 页。
④ 中央党校采访实录编辑室：《习近平在福建》（下），第 154 页。

级党委和政府的领导下，坚持习近平生态文明思想，将绿水青山就是金山银山的理念转变为长汀水土流失综合治理和绿色产业发展道路的实践行动。

一是长汀将水土流失综合治理与绿色发展相结合，植树造林，绿化植被，不断优化当地的生态环境。这为当地实现绿色转型，形成可持续发展的新产业、新业态，提供了良好的生态条件，同时又为当地生产力发展创造了新动力，有力地推动了经济社会的可持续发展，带来了物质财富的增长。长汀生态建设实践充分展现出绿水青山既是自然财富、生态财富，同时又是经济财富、社会财富，为提高当地人民生活水平，促进当地人民实现全面小康社会、走向共同富裕，创造了空间、条件和物质基础，老百姓的生活彻底好起来了。显而易见，良好的生态环境也是民生。

二是长汀围绕构建"宜居宜业和美"的自然生态环境建设目标持续发力，不断满足当地老百姓日益增长的优美生态环境需要，生动展现良好的生态环境就是最普惠的民生。我们知道，在生产力相对落后时，人民群众的根本利益主要集中在温饱问题、较低层次的物质需求上。但是，当生产力提高后，特别是当人民群众基本的物质需求得到满足后，人民群众的根本利益需求就会日益多元化、多层次化，朝着更高的生活质量、价值层面和个性化方向发展。这时，包含自由、平等、公正、法治在内的价值追求，以及包括优美生态环境在内的需求就会成为人民群众的根本需求。长汀在综合治理水土流失的基础上，不断致力优美生态环境的建设，为人民群众创造宜居、宜业、和美的环境和空间，更全面地把握住人民群众根本利益需求的变化，彰显出中国共产党人在生态文明建设上更高的价值站位、更深的理解，即发展经济是为了民生，保护生态环境同样也是为了民生，为人民群众提供优美的生态环境就是最普惠的民生，充分展现出"生态惠民、生态利民、生态为民"的民生观。总体而言，长汀经验从重点解决损害当地群众生产生活的水土流失问题入手，将经济社会发展与生态环境建设统一起来，不断推动当地人民走向共同富裕，不断为当地人民群众提供更多、更优质的生态产品，让长汀人民日益普遍地享有优美的生态环境，成为绿色发展的成功范例，长汀水土流失综合治理和生态文明建设经验本质上就是为人民谋幸福的现实体现。

第二节　长汀经验　治理实践创新的新范例

长汀水土流失综合治理取得历史性成就，长汀由全国水土流失最严重区域之一成功地实现绿色转型，成为欠发达地区走人与自然和谐共生绿色发展之路的典型示范，得益于其观念的转变，更得益于其治理实践的创新。长汀在水土流失综合治理中不断进行观念革新、制度创新、实践创新，不仅不断运用新的科学方法和技术手段治理水土流失，而且还不断进行制度构建、制度创新，完善生态文明制度体系，为水土流失治理和绿色转型提供强有力的制度保障。此外，长汀还不断优化治理结构和机制，全面提升生态领域的治理能力和治理水平。经过长期实践，长汀的绿色转型已经成为中国欠发达地区水土流失治理的成功范例，长汀"不仅是习近平生态文明思想的重要孕育地，也是践行习近平生态文明思想的成功试验田"[1]。

一、创新水土流失治理方式，形成科学治理之道

造成长汀水土流失的原因复杂，治理难度大。长汀当地属于中国典型的南方红壤地区，由于地处亚热带季风性气候区，雨水较多，雨水的常年冲刷，容易堆积泥浆，使土壤中碱性物质流失，导致红壤土的土质黏重，土壤酸性强。同时，由于历史以来当地地表植被破坏严重，土壤中有机质

---

[1]　安黎哲、林震、张志强：《长汀经验，"生态兴则文明兴"的生态诠释》，《光明日报》2021 年 12 月 18 日第 09 版。

含量不高，又加上气候湿热，植物生长速度快，分解土壤中有机质的速度也随之加快，进一步加剧土壤中有机质的丧失，造成土地的贫瘠。这些因素相互交错、相互影响，使得长汀水土流失问题成为当地人生产生活面临的历史难题。

因地制宜，科学施策，精准治理。长汀水土流失综合治理取得成功离不开科学技术、科学治理手段的保驾护航。为了给长汀水土流失问题寻找长效的治理之策，长汀一直瞄准水土流失这一制约当地生产发展和老百姓生活的关键性问题，集中力量进行科研攻关，精准发力。早在20世纪90年代，习近平在福建工作时，针对长汀水土流失治理问题，就倡导成立科技特派员制度。当地在上级党委、政府的领导下，利用科技特派员的技术力量，结合长汀各地自然环境的基本状况，对当地水土流失问题和生产发展等方面进行技术指导，运用科学方法，治理长汀水土流失问题。进入到21世纪，长汀积极依托科研院所、高校等科研机构力量，先后建立了长汀水土保持院士专家工作站等"三站一院一中心"的科研攻关和水土流失治理科研机构，就水土流失治理、自然生态保护等问题进行科研攻关，探索治理长汀水土流失和生态修复的科学之策，并不断将多种先进技术运用到长汀水土流失治理和生态修复的实践中，形成富有长汀实践特征的科学综合治理方法，如"草灌乔混交治理""草牧沼果循环种养"等治理模式，以及如"老头松"改造等带有浓厚乡土气息的土壤肥力改良措施，有效地治理水土流失问题和生态问题，推动现代农业、现代林业和现代产业发展和新业态形成，创新长汀绿色循环发展方式。

创新技术手段，提高治理成效。在水土流失综合治理和生态文明建设进程中，当地在各级党委、政府的领导下，根据各地区自然环境的特点和水土流失不同的成因状况，因地制宜，科学施策，探索出一条"工程措施与生物措施相结合、人工治理与生态修复相结合、生态建设与经济发展相结合的科学治理和发展之路"①。在实践中，长汀沿着科学路径进行实践创新，不断进行技术探索，运用科学治理之术，治理不同难度、不同特点的水土流失区域，如针对山脊、山腰、山坳等不同地质条件的治理方法，以及在植被保护和绿化工程上，针对水土流失区域的不同状况，科学地进行树种选植以及合理地进行树种空间布局，优化林分结构和质量，并运用现代林业技术，对森林进行科学养护和病虫害防治等工作，优化森林质量。同时，还运用现代先进的信息技术对当地自然生态条件、森林防护、水土保持、基本农田保护等进行监测，逐步推进生态环境保护、监测和管理的信息化、科学化，对水土流失进行精准治理，使得当地的自然生态条件得到根本性改善，有力地推动长汀当地实现绿色转型、循环发展。此外，长汀还依托科技创新，将水土流失综合治理与生态效益结合，引领当地人民走绿色可持续发展道路。在绿色发展上，当地依靠科研机构的力量，广泛听取专家的论证意见，充分吸收专家的智慧和经验，对当地产业发展方向进行科学规划和布局，依托当地独特的资源优势，结合技术创新和现代网络技术，逐步发展林木产业、生态养殖、绿色农业、旅游文创、网络电商等新产业、新业态，使生态修复和保护与经济社会发展相得益彰、相互促进。

二、创新制度体系，强化制度保障

防治水土流失、保护生态环境必须依靠制度、依靠法治。一般而言，生态环境突出问题的产生和生态环境恶化与体制不健全、制度不够严格、法治不够严密、制度执行不到位、查处力度不够有力等因素有关。长汀过去比较贫穷落后，当地人民对生态环境重要性的认识也还未达到一定

---

① 安黎哲、林震、张志强：《长汀经验，"生态兴则文明兴"的生态诠释》，《光明日报》2021年12月18日第09版。

的高度，当地政府也未能充分意识到体制、制度和机制建设对于治理长汀水土流失和保护生态环境的重要性。因此，在较长的历史时期，长汀在水土保持、自然生态保护方面同样存在体制不健全、制度不够完善、法治不够严密等问题，难以做到以健全的体制、严格的制度、严密的法治来治理水土流失问题和保护生态环境。但是，自 20 世纪 80 年代开始，长汀日益重视制度建设、健全法治，不断进行制度创新，加强制度供给，以越来越严密、健全的制度和法治来治理水土流失问题，保护长汀当地的生态环境。

长汀不断创新制度体系，完善制度和体制建设，为治理水土流失问题和保护生态环境提供强有力的制度保障。长汀水土流失综合治理成绩的取得与治理体制、机制和制度的完善，以及法治越来越严密是分不开的。从 20 世纪 80 年代开始，长汀就详细制定出水土流失治理的相关规定及水土保持的相关经验，并将水土流失治理的相关制度规定，总结提炼成朗朗上口的"三字经"，向当地百姓进行宣传，使水土保持的规定成为广为人知的约束规范，有效地推动了当地人民转变过去错误的生产生活方式和观念。而后，长汀又根据国家相关的法律和规定，在严格执行相关法律规定的同时，结合当地的实际情况，制定出台了一系列关于水土保持、自然生态保护等方面的规章制度。如 2014 年 4 月 9 日出台了《长汀县人民政府关于加强生态公益林保护和护林员管理的通知》，此项通知规定进一步明确和落实了生态公益林保护管理的主体责任、监管责任、护林员职责与权利等，加强了生态公益林的监管责任制。2021 年 4 月 19 日，长汀县人民政府制定了《长汀县进一步加强耕地保护监督工作方案》，还出台了落实林长制有关规定和森林防火行政首长负责制等相关规定。这些举措使长汀水土流失治理和生态文明建设的制度体系日益健全和完善，为长汀水土流失治理和生态环境保护起到重要的保障作用。其中，最重要的是，2020 年 5 月 22 日，龙岩市第五届人民代表大会常务委员会第二十一次会议通过了《龙岩市长汀水土流失区生态文明建设促进条例》。2020 年 7 月 24 日，该条例获得福建省第十三届人民代表大会常务委员会第二十一次会议批准。这部条例对于长汀生态文明建设具有重要的意义，它为长汀划定了生态保护红线，建立起完善的生态文明建设的管控机制，使长汀生态文明建设进入法治化轨道，为长汀未来生态文明建设和发展奠定了更为坚实的制度基础。与此同时，长汀还在实践中建设和完善生态环境监测体系，不断探索和建设生态文明建设的评价指标体系，以量化的形式对生态文明建设进行考核、评价，有力地促进了长汀走向生产发展、生活富裕、生态良好的绿色文明发展道路。可以这么说，长汀经验的形成是制度创新的结果，也是当地在生态领域治理能力和治理水平提高的现实展现。

三、优化治理结构和治理机制，提升治理能力和治理水平

制度的生命力在于执行，让铁规发威，才能实现管权治吏、增绿护蓝的目的。保护生态环境必须用最严格制度、最严密法治。构建严密的生态文明制度体系，是推进生态领域治理能力、治理水平现代化的第一步。制度的生命力在于执行，只有让生态文明制度发威，才能发挥制度效能，制度才能为生态文明建设提供强有力的保障。而要实现这些目标，关键还在于完善治理机制，健全治理体系，提升治理结构、治理主体的治理能力和治理水平。在水土流失综合治理、推动实现生态文明建设目标过程中，长汀已经构建出日益健全、完善的制度体系，长汀成功的实践经验的取得既得益于良好的制度保障，更在于不断优化的治理机制、不断提升的治理能力和治理水平。

创新生态文明建设主体，增强生态领域的治理效能。为了促进生产方式向绿色转型，形成绿色循环发展道路，长汀当地利用生态文明建设形成的资源优势，引入社会力量、民间力量，形成公司企业、民间资本和社会大众为主体的多元化投入经营机制，共同构成了多元化生态文明建设主体。

为了实现绿色转型、绿色发展的目的，长汀当地充分发挥市场对资源配置的决定性作用，借助这些社会资本、民间资本、社会公众的力量，盘活土地、劳动力等资源优势，激发绿色循环和可持续发展的动力，发展新的绿色产业，形成现代农业、现代林业、旅游文创等新产业、新业态，形成产业规模效应，从而为长汀生态文明治理和可持续发展提供绵延不绝的动力机制。长汀通过对生态文明建设主体的创新，使水土流失治理形成的"绿水青山"的自然资源要素与"金山银山"的发展道路对接，成功地将生态建设与经济发展、自然财富与经济财富统一起来，实现生态文明建设与经济发展相互循环、相互促进。在这一意义上，长汀经验的形成是生态文明建设主体创新和治理效能提高的结果。

完善治理机制，提升生态领域的治理能力和治理水平。在水土流失综合治理和生态文明建设过程中，长汀十分重视健全生态治理结构，完善生态治理机制，提升治理效能。在实践中，长汀不仅形成了党政主导、群众主体、社会参与的水土流失治理和生态文明建设的主体架构，而且还因地制宜地建立了县、乡（镇）、村（社区）"三级"书记抓水土流失的深层治理体制机制，层层压实治理主体责任，做到治理主体权责清晰，狠抓落实，实现过程治理、源头治理，将水土流失治理和生态文明建设贯穿到各个环节，覆盖自然生态各领域之中，全面提升生态领域的治理效能，稳步推进生态文明建设。通过治理机制的完善和创新，长汀建立起权责分明、运行高效的治理体系，实现了水土流失治理从规模化向精准化转变，有效地推动长汀由水土流失严重的区域转变成山清水秀、宜居宜业的和美之地。在这一意义上，长汀经验的形成是生态文明制度体系创新、治理体制机制创新的成果，也是长汀全面提升生态文明治理能力和治理水平取得的成绩。

第三节　长汀经验　迈向生态文明的新实践

　　长汀由水土流失严重的区域，逐步探索出一条绿色文明、科学发展的长汀水土流失治理之路、绿色发展之路，引领着长汀生态环境走向科学之"治"、生态之"治"，由此形成了生态文明的长汀经验。长汀经验是习近平生态文明思想在长汀的践行，也是党和政府深入贯彻习近平生态文明思想，带领人民转变发展方式、生活方式、思维方式和价值观念，走生产发展、生活富裕、生态良好的绿色之路形成的宝贵经验。长汀经验是结合长汀自然生态基本现状，因地制宜，遵循"源头治理、综合治理、系统治理"的理念，走出来的一条符合长汀实际的科学生态治理之路。长汀经验也是一条转变生产发展方式、生活方式、价值观念的绿色发展之路，更是一条"生态惠民、生态利民、生态为民"的美丽长汀之路。

一、因地制宜，走科学治理之路

　　长汀经验是党和政府带领当地人民，在治理水土流失、生态问题中形成的实践经验总结。长汀水土流失问题的产生，既因自身脆弱的土壤地质条件，也有当地人长期以来过度开发的原因。在党和国家的带领下，当地党委、政府因地制宜、科学施策、综合治理，坚持治标和治本同向发力，让各项治理之策互相配合，产生共振效应，才使长汀由水土流失严重的地区，走向生态之"治"，由此形成了一条科学治理水土流失，实现生态文明循环发展的科学治理之路。

　　首先，长汀经验讲求因地制宜、科学施策、综合治理。科学治理之策是实现长汀生态之"治"的关键，得益于专业技术人员的科学智慧，更充满着当地老百姓的实践智慧。治理政策产生前，长汀县委、县政府及相关部门多次召集各方面专家，充分深入河田、策武、三洲等地进行调查研究，分析当地水土流失的基本成因和自然生态的基本状况等，多方听取意见和建议，进行充分论证，结合长汀独特的地质特点和自然条件，制定治理长汀水土流失的科学之策、长效之策。科学治理之策产生后，强调综合治理，持续推进，以久久为功的精神，在科学之策引领下，推动实现长汀生态之"治"。同时，治理过程还充分发挥当地百姓的积极性、主动性和创造性，治理之策充分吸纳了当地百姓在长期实践中形成的生产生活智慧和经验，如通过提高土壤肥力来改造"老头松"的措施。正是依靠这些科学治理之策，实现了水土流失问题的根本性扭转，走上了经济社会和生态环境协调发展之路。

其次，长汀经验注重全方位、全地域、全过程治理。长汀经验既注意从水土流失的直接原因出发，从"标"上治理，又注重从改变生产生活方式、价值观念入手，从"本"上治理，将治理覆盖到生态系统修复与保护的方方面面，实现全方位的治理。在治理过程中，既强调治理当前水土流失严重的地区，也将之放在整个长汀自然生态大系统中加以治理，甚至从更广阔的生态场域来看待和治理长汀的水土流失和生态问题，做到不遗漏任何区域，不遗留根本性问题，抑制产生生态问题的源和流，实现全地域生态良性互动。在治理实践中，结合独特的红壤地质条件，根据水土流失的轻、中、重三种程度，综合运用低效林改造、等高草灌带、草灌乔混交与小穴播草、草牧沼果循环种养、茶果园坡改梯、崩岗整治和生态护岸等治理方式，既分层次、分空间治理了长汀水土流失地，又注重从生态系统整体链条上下功夫，层层推进，环环相扣，实现全过程治理，从而达到长汀生态之"治"的境界。

二、转变理念，走绿色发展之路

人为对自然生态过度的开发是造成长汀水土流失问题最重要的原因。

20世纪80年代之前，由于长汀经济条件落后、人们的认识水平总体较低等，当地人民为了摆脱贫困状况，曾对自然资源过度索取、不科学利用，对长汀自然生态环境造成了进一步破坏，加剧了当地水土流失。当地党委、政府深刻地认识到，要实现长汀生态环境由恶化到"大治"，必须改变当地人民的生产方式、生活方式、思维方式、价值观念。沿着这一治理思路，长汀县委、政府和各级部门带领当地百姓，以"滴水穿石，人一我十"的精神，持续开展水土流失治理，由此形成了长汀经验。长汀经验是坚持绿色发展理念，走绿色发展之路的实践体现。

长汀经验蹚出一条"机制活、产业优"的绿色发展之路。长汀水土流失治理实践注重促进生态链条中各环节的良性循环和生态系统内部各要素的良性互动，既强调从山水林田各个生态子系统出发，统筹治理，科学施策，也注重改变生态大系统中人们的生产生活方式、人文价值环境，避免陷入"破坏—治理—再破坏—再治理"的恶性循环困境。为了实现这些目标，当地党委、政府结合当地特点，将水土流失治理和生态产业发展统一

濯田镇左拔村蓝莓种植基地（图片来源：长汀县水土保持事业局）

长汀县濯田镇水土流失严重程度仅次于河田、三洲。濯田镇党委、政府引进福润农业有限公司以"公司＋合作社＋种植大户＋基地"的形式发展蓝莓产业，在县农行、信用联社的绿色信贷扶持下，建成集育苗、种植、加工销售、休闲旅游为一体的全省最大蓝莓基地。从开始仅在左拔村种植400亩蓝莓实验园，到如今扩大到永巫、李湖、水头等村6个种植基地，面积达5,000亩，形成全镇最具特色的绿色产业，不仅带来水土流失治理新成效，还拉动了乡村旅游的发展。图为濯田镇左拔村蓝莓种植基地。

起来，走绿色产业发展道路，促进生产方式变革。

众所周知，长汀是革命老区，具有深厚的红色文化底蕴，当地党委、政府充分利用独特的红色文化条件，大力发展生态农业、生态产业、红色文化产业等新型绿色经济业态，如林下经济、花卉经济、"红色"生态旅游经济等，将生态建设与产业发展、红色文化弘扬紧密融合，让产业与绿色相连，蹚出一条富有长汀典型特色、"机制活、产业优"的绿色发展之路。

同时，长汀经验也走出一条"百姓富、生态美"的生态文明之路。为了实现生态之"治"、美丽长汀的目标，长汀党委、政府及相关部门不仅通过宣传教育引导当地百姓转变生产生活方式和价值观念，还特别注重发挥政策导向、产业导向的引领作用，通过资金扶持、政策倾斜、项目产业引领等，有目的地引导当地百姓走生态农业、生态林业、生态产业等绿色发展道路。据统计，2020 年，长汀县建成林下经济特色示范基地 21 个，引导 332 家公司、合作社、家庭农场与 4,452 户贫困户建立利益联结机制，建成林下经济和示范基地 39 个，长汀县林下经济经营面积 182 万亩，产值 28.65 亿元。① 通过发展绿色产业，让当地老百姓走上了富裕之路，从而使老百姓深刻领悟"绿水青山就是金山银山"的深刻蕴意，促进生产生活方式、价值观念的转变，实现长汀生态之"治"。长汀通过绿色发展方式形成"百姓富、生态美"的生态文明之路。

三、紧扣民生，走美丽幸福之路

长汀经验生动展现出中国共产党人"发展经济是为了民生，保护生态环境同样也是为了民生"的奋斗追求。长汀水土流失治理实践自始至终紧扣民生这一主线，国家有关部委在政策、项目、资金等各个方面予以倾

---

① 《长汀水土保持志》编纂委员会编：《长汀水土保持志》，第 132 页。

长汀策武镇山青、水绿、林密的李田村（图片来源：长汀县水土保持事业局）

在党的十九大提出加快建立绿色生产和消费的法律制度和政策导向、建立健全绿色低碳循环发展经济体系的引导下，策武镇李田村开始种植花卉。大棚中的非洲葡和玫瑰花争奇斗妍，成为李田村一道迷人的风景线。在建设生态农业理念指导下，坚持使用有机肥，种植鲜切花，不仅净化了当地的空气，还有利于土壤的改良。花卉的种植，也在一定程度上解决了村里的剩余劳动力问题。

斜、扶持，福建省委、省政府连续不断实行扶持政策，在资金、政策等方面大力支持，龙岩市委、市政府不断出台政策措施予以支持帮助，目的就是坚定不移地打赢长汀水土流失治理攻坚战，为当地百姓创造一个有利于生产发展的生态环境、一个美丽的绿色家园，让当地百姓逐步过上美好、富裕、幸福的生活。

践行绿水青山就是金山银山的生态文明理念，走绿色产业发展道路，更是为了民生。长汀水土治理实践坚持将水土流失治理、生态环境保护与发展绿色产业融合起来，引导当地百姓走生态农业、生态林业、生态产业的绿色发展道路，积极构筑一个尊崇自然、绿色发展的生态体系，有力促进了"生产发展、生活富裕、生态良好"目标的实现。实践也证明，长汀经验让老百姓真正走上了可持续发展的生态文明道路，过上了美丽幸福的生活。据统计，2020 年，长汀县城镇居民、农村居民人均可支配收入分别从 2011 年的 12,378 元、7,085 元提高到 28,988 元、18,149 元，分别年均增长 9.5%、10.7%，特别是河田、策武、濯田、涂坊、南山、新桥、三洲等水土流失重点乡（镇）农民人均可支配收入基本达到或超过县平均水平。① 由此可见，长汀经验实质上就是绿水青山就是金山银山理念在实践中的展开，长汀经验生动地说明，中国在走一条"生态美"和"百姓富"有机统一的绿色发展之路，也是一条美丽幸福之路。

---

① 陈晨、杨雪丹、高建进、马跃华:《长汀，常青! ——福建长汀水土流失综合治理纪实》,《光明日报》2021 年 12 月 10 日第 01 版。

结　语

生态文明建设关系到百姓福祉，是关乎中华民族永续发展的千年大计，顺应了时代发展的要求。美丽中国回应了人民群众所想所盼、所急所需，是满足人民群众日益增长的美好生活需要的具体体现，也是生态文明建设的最终目标。随着青山再绿、汀江又清，长汀人将牢记"进则全胜，不进则退"的嘱托，再接再厉，在奋力夺取水土流失治理全面胜利的基础上，有序推进美丽长汀建设，努力为新时代生态文明建设探索和实践出更多更好的经验。

美丽中国与生态文明建设只有进行时，没有完成时，是一项需要长期坚持的战略任务。生态文明建设不仅仅是指环境保护领域的建设，它还涉及政治站位的提高、经济发展的反哺、思想意识的提升等方面内容，是一个全面性、系统性的工程。同时，生态文明建设还是一个长期性、复杂性的过程，它需要科学的理论指引和正确的文化价值导向，更需要人们积极有为的行动，以持之以恒、久久为功的精神，坚持不懈地推进经济社会发展与生态环境保护，才能最终实现天蓝地绿水清的生态目标，才能最终达到人与自然和谐共生的状态。

参考文献

1.《马克思恩格斯选集》第一至四卷，人民出版社2012年版。

2.《马克思恩格斯文集》第一至十卷，人民出版社2009年版。

3.《马克思恩格斯全集》第二十三卷，人民出版社1972年版。

4.《马克思恩格斯全集》第四十二卷，人民出版社1979年版。

5.《马克思恩格斯全集》第四十四卷，人民出版社1982年版。

6.《马克思恩格斯全集》第四十五卷，人民出版社1985年版。

7.《马克思恩格斯全集》第四十六卷上册，人民出版社1979年版。

8.《马克思恩格斯全集》第四十六卷下册，人民出版社1980年版。

9.《列宁选集》第一至四卷，人民出版社2012年版。

10.《毛泽东选集》第一至四卷，人民出版社1991年版。

11.《毛泽东文集》第一至八卷，人民出版社 1999 年版。

12.《邓小平文选》第二卷，人民出版社 1994 年版。

13.《邓小平文选》第三卷，人民出版社 1993 年版。

14.《江泽民文选》第一、二、三卷，人民出版社 2006 年版。

15.《胡锦涛文选》第一、二、三卷，人民出版社 2016 年版。

16.《习近平谈治国理政》第一卷，外文出版社 2018 年版。

17.《习近平谈治国理政》第二卷，外文出版社 2017 年版。

18.《习近平谈治国理政》第三卷，外文出版社 2020 年版。

19.《习近平谈治国理政》第四卷，外文出版社 2022 年版。

20.《习近平关于社会主义生态文明建设论述摘编》，中央文献出版社 2017 年版。

21.《十六大以来重要文献选编》（上），中央文献出版社 2005 年版。

22.《十六大以来重要文献选编》（中），中央文献出版社 2006 年版。

23.《十六大以来重要文献选编》（下），中央文献出版社 2008 年版。

24. 中共中央文献研究室：《新时期环境保护重要文献选编》，中央文献出版社 2001 年版。

25. 江泽民：《江泽民论有中国特色社会主义》（专题摘编），中央文献出版社 2002 年版。

26. 胡锦涛：《高举中国特色社会主义伟大旗帜 为夺取全面建设小康社会新胜利而奋斗——在中国共产党第十七次全国代表大会上的报告》，人民出版社 2007 年版。

27.《科学发展观重要论述摘编》，中央文献出版社 2008 年版。

28.《中国环境发展报告（2009）》，社会科学文献出版社 2009 年版。

29. 曲格平：《中国环境问题及对策》，中国环境科学出版社 1984 年版。

30. 中共龙岩市委党史研究室编：《闽西新时期农村的变革》，中华工商联合出版社 1997 年版。

31. 世界环境与发展委员会:《我们共同的未来》,吉林人民出版社 1997 年版。

32. 刘宗超:《生态文明观与中国可持续发展走向》,中国科学技术出版社 1997 年版。

33. 王泽应:《自然与道德》,湖南大学出版社 1998 年版。

34. 刘湘溶:《生态文明论》,湖南教育出版社 1999 年版。

35. 余谋昌:《生态哲学》,陕西人民教育出版社 2000 年版。

36.《21 世纪议程》上、下卷,科学技术文献出版社 2000 年版。

37. 国家环境保护总局、中共中央文献研究室:《新时期环境保护重要文献选编》,中国环境科学出版社、中央文献出版社 2001 年版。

38. 雷毅:《深层生态学思想研究》,清华大学出版社 2001 年版。

39. 滕远:《中国可持续发展研究》,经济管理出版社 2001 年版。

40. 解保军:《马克思自然观的生态哲学意蕴:"红"与"绿"结合的理论先声》,黑龙江人民出版社 2002 年版。

41. 李丽:《可持续生存——给现代人的启示》,中国环境科学出版社 2003 年版。

42. 李凤岐:《社会主义本质研究》,黑龙江人民出版社 2003 年版。

43. 廖福霖:《生态文明建设理论与实践》,中国林业出版社 2003 年版。

44. 肖显静:《生态政治:面对环境问题的国家抉择》,山西科学技术出版社 2003 年版。

45. 蒙培元:《人与自然:中国哲学生态观》,人民出版社 2004 年版。

46. 王如松,周鸿:《人与生态学》,云南人民出版社 2004 年版。

47. 蒋朝君:《道教生态伦理思想研究》,东方出版社 2006 年版。

48. 田克勤:《马克思主义中国化的理论轨迹》,中共党史出版社 2006 年版。

49. 刘仁胜:《生态马克思主义概论》,中央编译出版社 2007 年版。

50. 中国科学院现代化研究中心中国现代化战略课题组：《中国现代化报告 2007——生态现代化》，北京大学出版社 2007 年版。

51. 徐艳梅：《生态学马克思主义研究》，社会科学文献出版社 2007 年版。

52. 薛晓源、李惠斌：《生态文明研究前沿报告》，华东师范大学出版社 2007 年版。

53. 中国 21 世纪议程管理中心可持续发展战略研究组，中国科学院地理科学与资源研究所：《中国可持续发展状态与趋势》，社会科学文献出版社 2007 年版。

54. 姬振海：《生态文明论》，人民出版社 2007 年版。

55. 中国 21 世纪议程管理中心可持续发展战略研究组：《生态补偿：国际经验与中国实践》，社会科学文献出版社 2007 年版。

56. 国家环保总局环境规划院、国家信息中心：《2008—2020 年中国环境经济形势分析与预测》，中国环境科学出版社 2008 年版。

57. 辛向阳：《科学发展观的基本问题研究》，中国社会出版社 2008 年版。

58. 诸大建：《生态文明与绿色发展》，上海人民出版社 2008 年版。

59. 张慕蓬、贺庆棠、严耕：《中国生态文明建设的理论与实践》，清华大学出版社 2008 年版。

60. 严耕、杨志华：《生态文明的理论与系统构建》，中央编译出版社 2009 年版。

61. 黄国勤：《生态文明建设的实践与探索》，中国环境科学出版社 2009 年版。

62. ［美］巴里·康芒纳：《封闭的循环——自然、人和技术》，侯文蕙译，吉林人民出版社 1997 年版。

63. ［美］丹尼斯·米都斯等：《增长的极限——罗马俱乐部关于人类困

境的报告》，李宝恒译，吉林人民出版社 1997 年版。

64.〔美〕蕾切尔·卡逊:《寂静的春天》，吕瑞兰、李长生译，吉林人民出版社 1997 年版。

65.〔德〕A.施密特:《马克思的自然概念》，欧力同、吴仲昉译，商务印书馆 1988 年版。

66.〔美〕唐纳德·沃斯特:《自然的经济体系——生态思想史》，侯文蕙译，商务印书馆 1999 年版。

67.〔美〕唐奈勒·H.梅多斯等:《超越极限——正视全球性崩溃，展望可持续的未来》，赵旭等译，上海译文出版社 2001 年版。

68.〔美〕加勒特·哈丁:《生活在极限之内——生态学、经济学和人口禁忌》，戴星翼、张真译，上海译文出版社 2001 年版。

69.〔美〕詹姆斯·奥康纳:《自然的理由——生态学马克思主义研究》，唐正东、臧佩洪译，南京大学出版社 2002 年版。

70.〔美〕丹尼尔·A.科尔曼:《生态政治——建设一个绿色社会》，梅俊杰译，上海译文出版社 2002 年版。

71.〔德〕约阿希姆·拉德卡:《自然与权力——世界环境史》，王国豫、付天海译，河北大学出版社 2004 年版。

72.〔英〕戴维·麦克莱伦:《马克思以后的马克思主义》（第 3 版），李智译，中国人民大学出版社 2004 年版。

73.〔英〕戴维·佩珀:《生态社会主义:从深生态学到社会正义》，刘颖译，山东大学出版社 2005 年版。

74.〔法〕莫斯科维奇:《还自然之魅——对生态运动的思考》，庄晨燕、邱寅晨译，生活·读书·新知三联书店 2005 年版。

75.〔德〕裴迪南·穆勒-罗密尔、托马斯·波古特克:《欧洲执政绿党》，郇庆治译，山东大学出版社 2005 年版。

76.〔英〕安德鲁·多布森:《绿色政治思想》，郇庆治译，山东大学出版社 2005 年版。

77.［美］约翰·贝拉米·福斯特:《生态危机与资本主义》，耿建新、宋兴无译，上海译文出版社 2006 年版。

78.［美］约翰·贝拉米·福斯特:《马克思的生态学——唯物主义与自然》，刘仁胜、肖峰译，高等教育出版社 2006 年版。

79.［美］默里·布克金:《自由生态学:等级制的出现与消解》，郇庆治译，山东大学出版社 2008 年版。

80.［英］安东尼·吉登斯:《现代性的后果》，田禾译，译林出版社 2000 年版。

后　记

　　建设美丽中国是全面建设社会主义现代化国家的重要目标，是实现中华民族伟大复兴的中国梦的重要内容。随着本书的完成，美丽中国的真谛愈加深刻地印刻在我们的脑海中。"把建设美丽中国化为人民自觉行动"，绝不是一句空话。在本书的写作过程中，多方的支持使我们感触良多，在此，我们真诚地向给予本书帮助的所有人表示深深的感谢！

　　感谢国家历史文化名城、美丽的小城——长汀。感谢在这片土地上生活的人们，是他们一代又一代的艰辛探索、奋力拼搏，才谱写出如此动人的生态文明建设篇章。感谢长汀县水土保持局、长汀县林业局及长汀水土保持科教园等单位的大力支持、不吝赐教，并为本书提供了丰富的资料和图片。

　　感谢龙岩学院马克思主义学院郭济汀、林秋柏等诸位老师的鼎力相助！在本书资料收集和调查研究过程中，我们结识了许多的良师益友。尤其是林金生、李艺爽等几位摄影师，为本书提供了大量的摄影作品，才使得本书以图文并茂的形式顺利完成。也特别感谢江西人民出版社的李月华老师，她花了大量心血，细心地审阅书稿，并给我们提出许多宝贵的意见和建议，使我们受益匪浅，也使书稿的质量得到质的提升！

本书吸收、借鉴了多位学者的观点、论述和研究成果，他们的前期研究成果是我们推进和完成本书研究的重要依托，在此向各位专家学者表示真诚的感谢！也向给予我们大力支持和帮助的各位朋友致以诚挚的感谢！由于我们的水平有限，加之收集到的素材不一定全面，本书难免存在许多不足之处，恳请各位专家、学者、同仁批评指正！

作　者

2023 年 12 月